目录
Contents

任务单 1　文字录入练习

学院名称		专业		姓名	
指导教师		日期		成绩	

任务情景	大学时光里,小明满怀激情地开启了自主创业之旅,精心打造出一个农产品销售平台。伴随产品销售成绩的不断上扬,客户如潮水般涌来。但小明在和客户进行产品销售及售后的沟通时,却发现自身打字速度过慢这一问题,致使与客户交流的数量受到了束缚。为了打破这一困境,尽快提高文字录入的速率,小明果断投身于打字练习之中。
任务目标	(1)每天进行至少1小时的打字练习,坚持一周,熟悉键盘布局和指法。 (2)能够在1分钟内准确输入60个常用汉字,错误率不超过5%。

任务准备	成绩:

(1)硬件准备。
准备性能良好、按键灵敏舒适的电脑。
可配备符合人体工程学的键盘托。
(2)软件准备。
下载专业打字练习软件,如金山打字通等。
安装常用输入法,优化设置。
(3)学习资料准备。
收集农产品销售和售后常用词汇、术语,制作练习文档。
准备各类文章素材用于不同阶段练习。
(4)环境准备。
安静、整洁、舒适且无干扰的空间。
调整座椅和屏幕高度,保持正确坐姿。
(5)心理准备。
做好长期坚持的准备,保持耐心。
保持积极心态,不因短期无进步而气馁。
重点和难点:常用词汇、术语的积累、练习

制订计划(对应课前内容)	成绩:

根据作业任务目标,完成作业计划描述。

作业项目	完成情况
(1)下载专业打字练习软件,如金山打字通等。	
(2)安装常用输入法,优化设置。	

作业项目	完成情况
(3)掌握正确的指法和键位。	
(4)收集相对应常用词汇、术语,制作练习文档。	
(5)严格遵循指法分工和键位规则实现盲打。	

计划审核	审核情况: 　　　　　　　　　　　　　　　　　　　　年　月　日

计划实施(根据每个任务制定)	成绩:

1.完成打字软件安装

如图 1-1 所示,跟随软件安装指引,完成打字软件的安装。

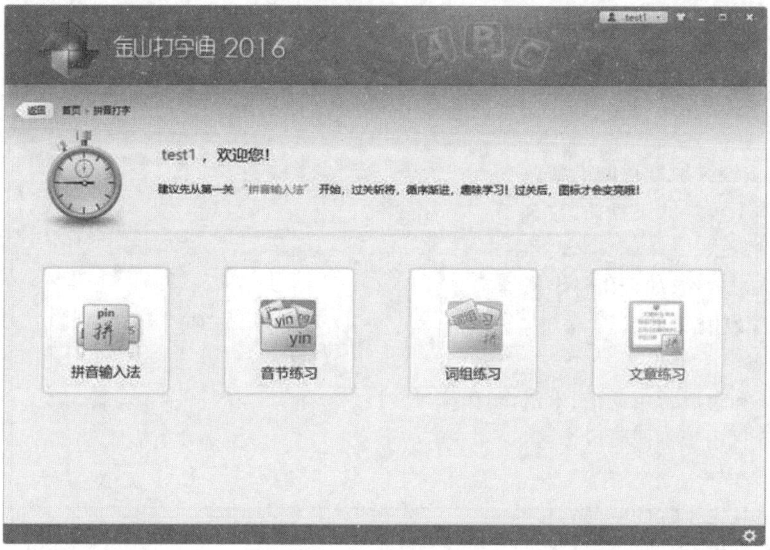

图 1-1　软件安装页面

2.保持正确的坐姿

坐姿要正:身体保持正直,腰部挺直,两肩自然放松,头部不能歪斜,呈现出一种挺拔的姿态。

眼屏关系:电脑屏幕应与眼睛保持 $15°\sim20°$ 的夹角,距离约为 $30\sim40$ cm,脸部要正面朝向电脑屏幕,这样能减少眼睛的疲劳和损伤。

手肘键盘:手肘与键盘的角度最好为 $90°$,从而保证手臂能够自然下垂,小臂和手腕处于自然平抬的状态,手腕不要拱起,避免造成手腕的过度劳累。

身体大腿:身体始终保持直立状态,大腿应尽可能与前臂平行,不能半坐半躺,以维持身体的平衡和稳定。

正确的坐姿对于提高五笔打字的速度和准确性有着关键作用,同时还能够有效减轻身体的疲劳感,降低因长期不正确坐姿导致的身体不适风险。

3.掌握正确的指法和键位

如图 1-2,跟随教程指导,掌握正确的指法和键位。

图 1-2　键盘键位

4.熟练掌握一种输入法(如五笔字型输入法)

在五笔字型输入法中,输入汉字的依据是汉字的字形结构和拆分规则,而不是读音(如图 1-3 所示)。只要掌握了汉字的正确拆分方法,即便不知道其读音,也能够准确地将其输入。

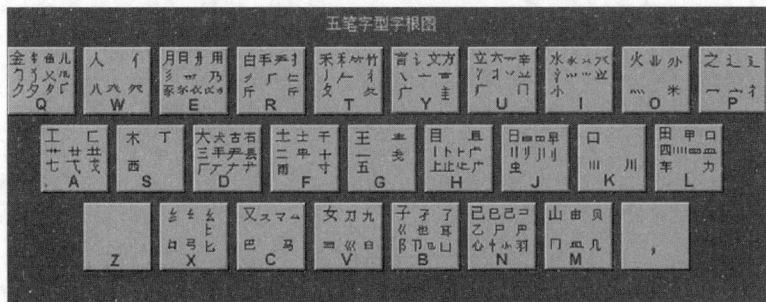

图 1-3　五笔字根图

例如"焱"这个字,如果不认识它的读音,通过将其拆分为"ooou",就能够用五笔输入法打出。

这种特点使得五笔在处理一些生僻字、专业术语中的特定字,或者遇到只知字形不知读音的汉字时,具有独特的优势。

5.坚持正确的文字输入方式

其一,可提高输入效率,减少错误,加快速度,完成更多工作。

其二,能避免错误和误解,保证信息准确传达,交流清晰。

其三,有助于培养良好习惯,延伸到其他工作和学习中。

其四,对长期输入文字的人,能降低身体疲劳和损伤风险。

总之,坚持正确输入方式可提高效率与质量,有益身心和习惯养成。

质量检查		成绩：
指导教师检查任务完成情况,并对学生提出问题,根据学生实际情况给出建议。		
综合评价 及建议		
学生自我评价及反馈		成绩：
根据自己在课堂中实际表现进行自我反思和自我评价。 自我反思和评价：_____		

<h2 style="text-align:center">任务评价表</h2>

评价项目	评价标准	配分	得分
安装软件、输入法	软件安装正确、输入安装调试正确。	5	
坐姿	能够达到正确坐姿的要求。	5	
指法和键位	能够正确掌握指法和键位。	20	
输入法的掌握	熟练掌握一种输入法。如:五笔字型。	20	
练习进展	1分钟内准确输入60个常用汉字,错误率不超过5％。	50	
评价反馈			
任务完成度	□优秀 □良好 □基本完成 □有待提高	总得分	

任务单 2 制作电脑配置清单

学院名称		专业		姓名	
指导教师		日期		成绩	

任务情景	在创业道路上初获成果的小明,因着业务量的节节攀升,原本仅靠一台电脑进行业务办公的模式已难以满足需求,如今一台电脑显然捉襟见肘。极具生意头脑的小明便动了自己组装一台电脑的念头,认为这样在价格和实用性方面都会更为理想。于是,聪慧且能干的小明就此踏上了电脑配置清单的制作之旅。
任务目标	(1)了解电脑硬件名称和作用,掌握其安装方法、注意事项,能够进行组装、维护和升级,保证电脑稳定高效运行。 (2)掌握电脑主要性能指标,如理解 CPU 性能相关、内存对系统速度的影响、硬盘参数及适用场景、显卡参数及用途、主板相关性能作用、电源指标意义,能据此制定配置、评估与优化电脑性能,提升专业素养和操作能力。

任务准备	成绩:

(1)明确使用需求:确定电脑的主要用途,如办公、游戏、设计等。
(2)设定预算范围:确定可以承受的资金投入上限。
(3)掌握硬件知识:深入了解 CPU、内存、硬盘、显卡、主板、电源等硬件的性能参数、特点及相互兼容性。
(4)收集产品信息:通过网络、硬件评测网站等渠道收集各类硬件产品的详细信息及用户评价。
(5)了解市场行情:掌握当前硬件市场的价格波动情况。
(6)准备工具软件:如硬件检测工具,以便后续对配置进行测试和优化。
(7)咨询专业人士:如有必要,向电脑硬件专家或有经验的人请教建议。
(8)准备记录工具:如笔记本或电子文档,用于记录配置思路和方案。
重点和难点:使用需求、硬件知识、硬件检测

制订计划(对应课前内容)	成绩:

根据作业任务目标,完成作业计划描述。

作业项目	完成情况
(1)明确需求、确定资金投入金额上限。	
(2)掌握电脑硬件各自所具备的功能。	
(3)收集产品信息包括用户评价。	
(4)下载、安装检测工具对当前电脑进行硬件检测。	
(5)根据上述检测结果给出硬件升级方案。	

计划审核	审核情况: 年　月　日

计划实施(根据每个任务制定)	成绩:

1.明确需求、确定资金投入金额上限

主要用于日常办公,包括文档处理、网页浏览、视频会议等,偶尔会进行一些轻度的图片处理和视频播放。需要电脑运行稳定、流畅,有一定的存储容量。

资金投入金额上限:6000 元。

可以根据实际情况对需求和资金投入金额上限进行具体调整和细化。

2.掌握电脑硬件各自所具备的功能

CPU:是计算机的大脑,承担着数据运算、逻辑控制等核心任务,决定了计算机的整体处理能力。

内存:用于暂存数据和程序,能快速与 CPU 交换数据,对程序运行的流畅性起着关键作用。

硬盘:用于长期存储大量数据,包括系统、软件、文件等。

显卡:负责图形处理和输出,对于游戏、图形设计、视频渲染等场景至关重要。

主板:是硬件连接的平台,提供各种接口和插槽,确保各硬件间的通信和协同工作。

电源:为整个电脑系统提供电力支持,保障各部件正常运行。

散热器:帮助硬件散热,防止因温度过高而影响性能甚至损坏硬件。

3.收集产品信息包括用户评价

不同用户对电脑硬件的评价可能因个人需求、使用场景和预算等因素而有所差异。在选择电脑硬件时,建议根据自己的具体需求进行综合考虑,并参考相关的硬件评测和用户反馈,以选择适合自己的硬件配置。

4.下载、安装检测工具对当前电脑进行硬件检测

下载和安装检测工具来检测电脑硬件,你可以使用以下几种常见的方法:

鲁大师:在鲁大师官网下载安装程序,然后按照提示进行安装。安装后运行鲁大师,它可以检测电脑的各种硬件信息,如处理器、显卡、内存、硬盘等。

AIDA64:前往 AIDA64 官方网站下载并安装,它提供了非常详细的硬件检测和监控功能。

安装好这些工具后,运行它们即可对电脑硬件进行检测和查看相关信息。

5.根据上述检测结果给出硬件升级方案

通用的电脑硬件升级方案建议:

处理器:如果处理器性能不足,可以考虑升级到更高性能的同代或新一代产品。

内存:增加内存容量,比如从 8GB 升级到 16GB 或更高,或者提升内存频率。

显卡:如果主要用于游戏或图形处理等对显卡要求较高的任务,可以升级到性能更强的显卡。

硬盘:将机械硬盘升级为固态硬盘可以大幅提升系统和软件的运行速度;也可以增加大容量机械硬盘用于存储数据。

电源:如果升级了功耗较高的硬件,可能需要更换功率更高、质量更好的电源。

显示器:根据需求可以选择不同的参数。若是注重色彩和画质,可以选择高分辨率、高色域的显示器;若是游戏玩家,可以考虑高刷新率的显示器;如果经常处理多任务,可以选择尺寸较大的显示器以获得更好的视觉体验。

请记住,在升级硬件时要确保硬件之间的兼容性,并且根据自己的实际需求和预算进行合理选择。具体的升级方案还需要结合实际检测结果来制定。

质量检查	成绩:

指导教师检查任务完成情况,并对学生提出问题,根据学生实际情况给出建议。

综合评价及建议			
学生自我评价及反馈		成绩：	

根据自己在课堂中实际表现进行自我反思和自我评价。

自我反思和评价：_____

任务评价表

评价项目	评价标准	配分	得分
明确需求、确定资金投入金额上限	完成。	5	
掌握电脑硬件各自所具备的功能	能够通过课堂学习和查阅资料进行正确描述。	50	
收集产品信息包括用户评价	能够通过网络或平台查阅资料进行正确描述。	15	
下载、安装检测工具对当前电脑进行硬件检测	提交当前电脑的正确硬件配置。	20	
根据上述检测结果给出硬件升级方案	根据需求给出当前电脑的1～2种硬件升级方案。	20	
评价反馈			
任务完成度	□优秀 □良好 □基本完成 □有待提高	总得分	

任务单 3 设置操作系统工作环境

学院名称		专业		姓名	
指导教师		日期		成绩	
任务情景	小明将自己精心配置的电脑买回来了,接下来极其重要的一步便是依据自身的实际需求来全方位地配置工作环境。				
任务目标	(1)安装所有必备的办公软件、常用工具软件以及专业相关软件,并进行合理的设置和调试,保证软件能正常使用且符合工作需求。 (2)完成电脑个性化设置,包括桌面壁纸、主题风格、图标排列等,营造舒适且高效的视觉环境。 (3)能够运用控制面板来进行添加或删除应用程序,以及创建或删除用户等。				

任务准备	成绩:
(1)列出所有必备办公软件、常用工具软件和专业相关软件的清单。 (2)准备好这些软件的安装程序或安装源。 (3)收集自己喜欢的桌面壁纸图片资源。 (4)确定想要的主题风格类型。 (5)熟悉控制面板的操作界面和相关功能。 (6)明确需要添加或删除的应用程序以及要创建或删除的用户信息。 重点和难点:使用控制面板进行系统设置与管理	

制订计划(对应课前内容)	成绩:
根据作业任务目标,完成作业计划描述。	

作业项目	完成情况
(1)完成1~2个应用软件的安装。	
(2)完成个性化设置(背景、主题、锁屏界面)。	
(3)使用控制面板进行系统设置与管理。	

计划审核	审核情况: 年　月　日

计划实施(根据每个任务制定)	成绩:

一、完成 1～2 个应用软件的安装

以安装 QQ 软件为例的任务实施过程:

(1)打开浏览器,在搜索引擎中输入"QQ 官网"。

(2)进入 QQ 官网后,找到下载链接,根据电脑系统版本(如 Windows 或 Mac)选择对应的安装程序并点击下载。

(3)等待下载完成后,找到下载好的安装文件并双击运行。

(4)在安装向导中,按照提示一步一步进行操作,如选择安装位置(可根据需要自行选择)、同意用户协议等。等待安装进度条走完,直至显示安装完成。

(5)安装完成后,在桌面或开始菜单中找到 QQ 图标,双击打开,根据提示进行登录或注册等操作,即可开始使用 QQ 软件。

注:如果是安装其他软件,步骤也类似,主要是找到官方下载渠道,然后按照安装向导进行操作即可。

设置操作系统工作环境

二、完成个性化设置(背景、主题、锁屏界面)

1.设置背景

右键点击桌面空白处,选择"个性化"。

在个性化设置窗口中,点击"背景"选项卡。

可以选择"图片"并从电脑本地文件夹中选择喜欢的图片作为桌面背景;也可以选择"纯色"或"幻灯片放映"等其他模式。

2.设置主题

在个性化设置窗口中,点击"主题"选项卡。

可以从系统自带的主题中选择一个喜欢的主题直接应用;也可以点击"在 Microsoft Store 中获取更多主题"来下载更多主题样式。可以根据需要更改桌面图标(如图 3-1 所示)。

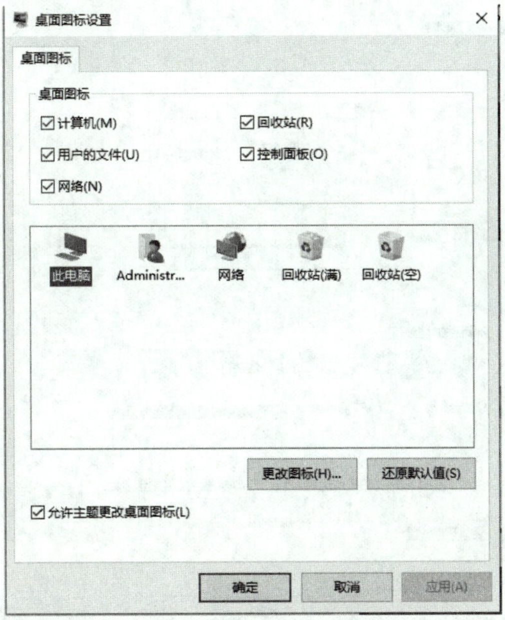

图 3-1　桌面图标设置

3.设置锁屏界面(锁屏界面、电源和睡眠、屏保设置)

打开"设置"应用。

点击"个性化",再选择"锁屏界面"。可以进行锁屏背景、屏幕超时设置、屏幕保护程序设置。(如图 3-2～图 3-4 所示)

图 3-2　锁屏界面

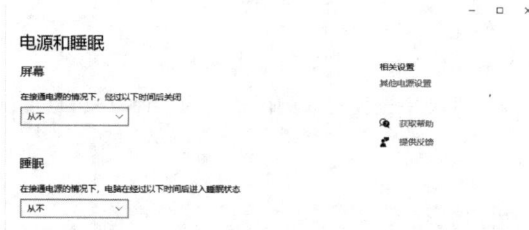

图 3-3　屏幕超时设置

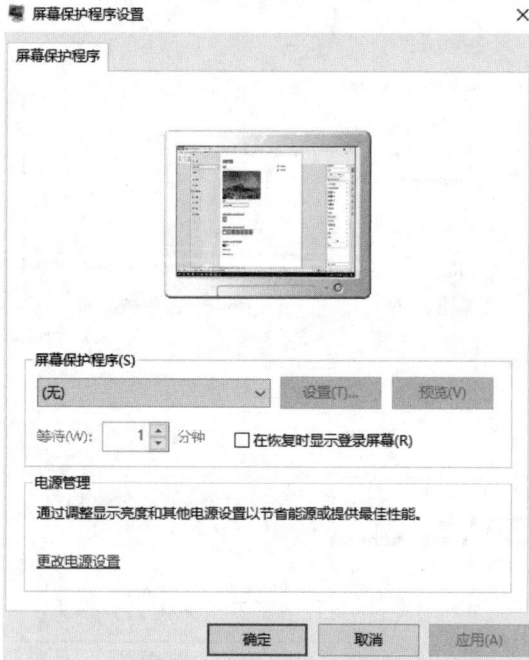

图 3-4　屏幕保护程序设置

三、使用控制面板进行系统设置与管理

1. 通过桌面图标设置将控制面板图应用到桌面

(1)在桌面空白处右键单击,选择"个性化"。

(2)在个性化窗口中,点击左侧的"主题"。

(3)在主题相关设置中,点击"桌面图标设置"。

(4)在弹出的桌面图标设置对话框中,勾选"控制面板",然后点击"确定"。

2. 打开"控制面板",将查看方式更改为"类别"

(1)方法1:双击桌面"控制面板"图标打开。

(2)方法2:在 Windows 搜索栏中输入"控制面板"并打开。

(3)方法3:按"Win+R"组合键,输入"control"后回车。

3. 开启系统防火墙,增强系统安全性

(1)打开"控制面板"。

(2)在控制面板中,找到并点击"系统和安全"。

(3)在"系统和安全"页面中,点击"Windows Defender 防火墙"。

(4)在左侧栏中,点击"启用或关闭 Windows Defender 防火墙"。

(5)分别在"专用网络设置"和"公用网络设置"下,选择"启用 Windows Defender 防火墙",然后点击"确定"。

4. 通过"控制面板"来卸载 QQ 软件

(1)在控制面板中,点击"程序和功能"。

(2)进入程序和功能页面后,会列出已安装的程序列表。

(3)找到名称下的"腾讯 QQ"应用程序,右键单击它。

(4)在弹出的菜单中选择"卸载"。

(5)按照卸载向导的提示进行操作,直到完成卸载。

5. 通过"控制面板"来添加或删除用户

添加用户步骤:

(1)打开"控制面板"。

(2)点击"用户帐户"。

(3)选择"用户帐户"下的"管理其他帐户"。

(4)点击"在电脑设置中添加新用户"(如果是较新版本的 Windows)或"创建一个新帐户"(旧版本)。

(5)按照提示输入用户名、密码等信息并选择帐户类型(如管理员或标准用户),完成添加。

删除用户步骤:

(1)重复上述步骤进入到"管理其他帐户"。

(2)找到要删除的用户帐户并点击。

(3)在出现的选项中选择"删除帐户"。

(4)根据提示选择是否保留用户文件等,完成删除操作。

切换用户到上面创建的新用户:

(1)方法1:点击屏幕左下角的开始按钮,然后点击用户头像,选择"切换用户"。

(2)方法2:按"Ctrl+Alt+Delete"组合键,在弹出的菜单中选择"切换用户"。

6. 通过"控制面板"来更改日期和时间

(1)在控制面板中找到并点击"时钟和区域"。

(2)点击"日期和时间"来进行日期和时间的更改。

(3)点击"区域"来进行日期和时间格式的更改。

质量检查	成绩：
指导教师检查任务完成情况,并对学生提出问题,根据学生实际情况给出建议。	

综合评价 及建议	

学生自我评价及反馈	成绩：
根据自己在课堂中实际表现进行自我反思和自我评价。 自我反思和评价：＿＿＿＿＿＿＿＿＿＿＿＿	

任务评价表

评价项目	评价标准	配分	得分
应用软件的安装	完成1～2个。	10	
完成个性化设置	完成背景、主题、锁屏界面的设置。	30	
控制面板的使用	设置桌面图标、开启系统防火墙、卸载 QQ 软件、添加或删除用户、更改日期和时间。	60	
评价反馈			
任务完成度	□优秀 □良好 □基本完成 □有待提高	总得分	

任务单 4　管理电脑文件及文件夹

学院名称		专业		姓名	
指导教师		日期		成绩	
任务情景	随着业务量的增多,小明的产品数量也随之增加,客户数量同样增多了。面对如此多的状况,小明需要对产品信息和客户信息进行分类管理,所以首先得学习文件分类以及文件的使用方法。				
任务目标	(1)理解文件和文件夹的概念及区别,掌握如何创建、命名、移动、复制和删除文件与文件夹的操作方法。 (2)学会根据不同的分类标准对文件和文件夹进行合理分类与整理,能够高效地查找和管理文件与文件夹,确保文件存储的有序性和安全性。				

任务准备	成绩:

(1)理解文件和文件夹的概念及区别。

①文件是有具体内容或用途的信息集合,可以是文本文档、图片、程序等。

②文件夹是用来组织和管理磁盘文件的一种数据结构,相当于文件分类存储的"抽屉"。

③文件具有扩展名,用于指示文件类型;文件夹没有扩展名。

(2)掌握文件和文件夹的基本操作。

①创建:在需要创建的位置右键单击,选择"新建"-"文件夹",或使用快捷键 Ctrl+Shift+N。

②命名:选中文件或文件夹,点击文件名进行修改,或右键单击选择"重命名"。

③移动:选中文件或文件夹,拖放到目标位置,或使用快捷键 Ctrl+X(剪切)和 Ctrl+V(粘贴)。

④复制:选中文件或文件夹,使用快捷键 Ctrl+C(复制)和 Ctrl+V(粘贴),或右键单击选择"复制"和"粘贴"。

⑤删除:选中文件或文件夹,按下 Delete 键,或右键单击选择"删除"。

(3)学会文件和文件夹的分类整理。

①根据不同的分类标准,如文件类型、用途、日期等,对文件和文件夹进行分类。

②可以创建不同的文件夹来存放不同类别的文件,便于查找和管理。

③定期清理不需要的文件和文件夹,释放磁盘空间。

(4)确保文件存储的有序性和安全性。

①给文件和文件夹取一个有意义的名称,以便快速识别其内容。

②将重要的文件和文件夹备份到其他存储设备,防止数据丢失。

③设置合适的文件和文件夹权限,保护个人隐私和重要数据。

重点和难点:文件和文件夹的创建、文件类型和扩展名

制订计划(对应课前内容)	成绩:

根据作业任务目标,完成作业计划描述。

作业项目	完成情况
(1)创建文件及文件夹。	
(2)对文件或文件夹进行复制、剪切、删除等。	
(3)查看文件及文件夹相关信息。	
(4)重命名文件夹、文件,更改文件扩展名。	
(5)查看、设置文件及文件夹属性。	

计划审核	审核情况: 年　月　日

计划实施(根据每个任务制定)	成绩:

1.创建文件及文件夹

在 E 盘根目录,创建一个文件夹,使名为班级姓名(如:计应 2431 班××)。

在计应 2431 班××的文件夹下再创建 3 个文件夹,分别为"产品信息""客户信息"和"产品介绍"。

在"产品信息"文件夹下创建 3 个文件,分别为"农产品 1.txt""农产品.png""农产品介绍.pptx"。

在"客户信息"文件夹下创建 2 个文件,分别为"农产品 2.txt""客户信息.et""产品升级方案.wps"。

2.对文件或文件夹进行复制、剪切、删除等

将"农产品 1.txt"复制到"客户信息"文件夹下;将"农产品 2.txt"文件删除;将"产品升级方案.wps"文件剪切到"产品升级"文件夹下。

3.查看文件及文件夹相关信息

打开 E 盘,选择查看选项卡,将布局设置为详细信息,排列方式设置为修改日期,显示已知文件扩展名。

4.重命名文件夹、文件,更改文件扩展名

将"产品介绍"文件夹重命名为"产品升级",将"产品升级方案.wps"剪切到该文件夹下。

在该文件夹下复制"产品升级方案.wps"并将文件名更改为"产品升级方案.exe",尝试打开该文件。

5.查看、设置文件及文件夹属性

删除"产品升级方案.wps"文件,将"产品升级方案.exe"文件属性设为隐藏。

查看"产品升级方案.exe"文件的内容

文件夹和
文件的使用

质量检查	成绩:

指导教师检查任务完成情况,并对学生提出问题,根据学生实际情况给出建议。

综合评价 及建议	

学生自我评价及反馈	成绩:

根据自己在课堂中实际表现进行自我反思和自我评价。

自我反思和评价:＿＿＿＿＿＿＿＿＿＿＿＿

任务评价表

评价项目	评价标准	配分	得分
创建文件及文件夹	正确创建。	10	
对文件或文件夹进行复制、剪切、删除等	操作完成。	20	
查看文件及文件夹相关信息	正确查看。	15	
重命名文件夹、文件,更改文件扩展名	操作完成。	15	
查看、设置文件及文件夹属性	操作完成。	20	
查看文件内容	查看到文件内容。	20	
评价反馈			
任务完成度	□优秀 □良好 □基本完成 □有待提高	总得分	

任务单 5　创建医院宣传手册

学院名称		专业		姓名	
指导教师		日期		成绩	
任务情景					

任务情景	小明是一名实习生,最近被分配到医院宣传部门。他的任务是创建一份详细的医院宣传手册,以便向患者和社区展示医院的服务和优势。小明需要使用 WPS 文字处理软件来完成这个任务,并通过精心设计和编辑,制作一份内容丰富、版面美观的宣传手册。
任务目标	(1)使用 WPS 创建并保存医院宣传手册文档。 (2)编辑和格式化医院简介和特色科室的内容。

任务准备	成绩:
(1)安装 WPS Office 软件。 确保电脑上已安装 WPS Office 软件,并了解其基本使用方法。 (2)准备素材。 准备好医院宣传手册的文本素材和背景图片,确保内容完整。 (3)设置工作环境。 确保有一个安静、不被打扰的工作环境,预留充足的时间进行任务执行。 **重点和难点:文档编辑、页面布局**	

制订计划(对应课前内容)	成绩:
根据作业任务目标,完成作业计划描述。	

作业项目	完成情况
(1)创建并保存文档:启动 WPS,新建空白文档,并保存为"医院宣传手册"。	
(2)编辑医院简介:录入医院简介内容,复制并粘贴预先准备好的文本段落。	
(3)调整段落顺序:互换医院简介中的两个自然段。	
(4)添加特色科室:设置分页符并粘贴特色科室的介绍内容。	
(5)设置页面和项目符号:调整页面布局,添加自定义项目符号和编号。	
计划审核	审核情况: 年　　月　　日

计划实施(根据每个任务制定)	成绩:

🔊 任务一:创建医院简介

一、新建并保存文档

(1)启动 WPS,单击"文件"左侧上方的"新建"按钮,然后选择新建"空白文档",WPS 会自动创建一个空白文档,其默认文档名为"文字文稿1"。

(2)第一次保存文档时,会打开"另存为"对话框,在对话框的左侧选择文档的保存位置,在"文件名"编辑框中输入文档的名称"医院宣传手册"。

创建医院简介

二、编辑文档

(1)打开"医院宣传手册"文档,录入以下文字内容。

> ### 医院简介
>
> 　　夕阳红康复医院是经省卫生厅批准成立的一所集医疗、预防、康复、保健为一体的以老年病康复为主导的二级专科医院。
>
> 　　卫生厅批准开设床位80张,医院设有内科,妇科专业,妇女保健科,临床心理专业,耳鼻咽喉科,口腔科,康复医学科,临终关怀科,中医科,中西医结合科,麻醉科,医学检验科,医学影像科等二十多个科室。

(2)打开本书中"模块二/项目一"的配套素材"医院宣传手册文本",选中前三个段落"医院坚持……生命的信心和幸福的曙光!"内容,然后单击"开始"选项卡中的"复制"按钮,复制选中的文本。

(3)返回"医院宣传手册"文档,保持插入点在文档的末尾,然后按"Enter"键开始一个新的段落,再单击"开始"选项卡中的"粘贴"按钮,粘贴刚刚复制的文本。

(4)选中要移动的第三自然段文本"医院坚持的宗旨……这也是医院的医疗理念和医疗特色。"内容,然后按住鼠标左键将其拖到第五自然段"夕阳红康复医院以温馨的就医环境……生命的信心和幸福的曙光!"前,释放鼠标,即可完成第三自然段和第四自然段的互换。

🔊 任务二:创建特色科室介绍

一、设置分页

(1)将插入点放至"医院宣传手册"文档的末尾处,单击"插入"选项卡下的"分页/分页符"将插入点放至第二页第一自然段。

(2)选中"医院宣传手册文本"中的"癫痫科"介绍"特色科室……微创手术、中西医结合治疗。"文本内容复制,返回"医院宣传手册"文档,将"癫痫科"介绍粘贴至第二页。用同样的方法继续插入分页符,将"肿瘤科"介绍粘贴至第三页,"内科"介绍粘贴至第四页,"普外科"介绍粘贴至第五页。

创建特色科室介绍

二、设置页面

(1)单击"页面"选项卡标签,设置"医院宣传手册"文档的"纸张大小"为"32开(13厘米×18.4厘米)"、"纸张方向"设置为"纵向"、设置"页边距"上下左右皆为"1厘米"。

(2)单击"页面"选项卡标签,设置"医院宣传手册"文档的背景,选择"背景/图片背景",如图5-1所示,在弹出的"填充效果"对话框中单击"选择图片",找到"模块二/项目一"的配套素材"背景"图片,单击"确定"按钮,完成背景图片设置。

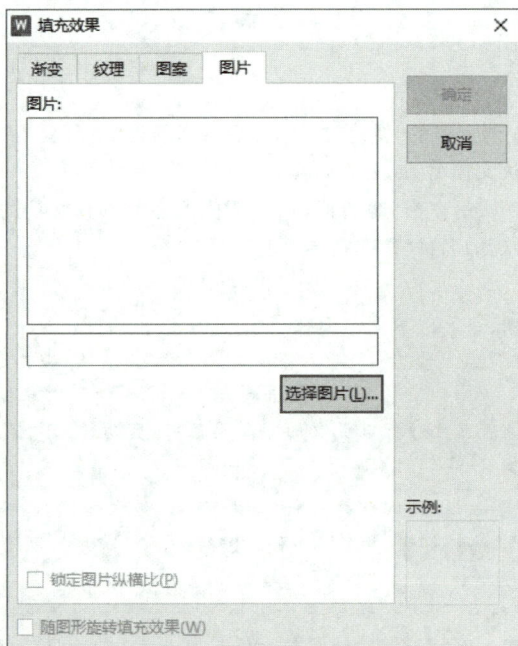

图 5-1 "填充效果"对话框

三、项目符号及编号

(1)为第三页肿瘤科中的"对早期肺癌、胃癌、肠癌、乳腺癌、子宫癌、膀胱癌等各类恶性肿瘤病人行手术的根治性治疗……以及部分恶性肿瘤病的生物免疫治疗和中药治疗。"添加自定义项目符号▢。先选中要添加项目符号的文本,单击"开始"选项卡下的"项目符号/自定义项目符号",在弹出的对话框中选择任意一个已有的项目符号,然后单击"自定义"按钮,在弹出的"自定义项目符号列表"中选择"字符"按钮,在弹出的"符号"对话框中选择字体"Wingdings"中的▢,单击"插入"按钮,完成自定义项目符号设置,如图 5-2 所示。

图 5-2 自定义项目符号

（2）为第四页内科中的"呼吸道的急、慢性炎症、各种肺炎、肺结核、哮喘……风湿、类风湿性关节炎。"添加自定义项目编号。单击"开始"选项卡下的"项目编号/自定义编号"，在弹出的对话框中选择任意一个已有的项目编号，然后单击"自定义"按钮，在弹出的"自定义编号列表"中选择"编号格式"为【①】，"编号样式"为"1，2，3…"，其余采用默认设置，如图 5-3 所示。

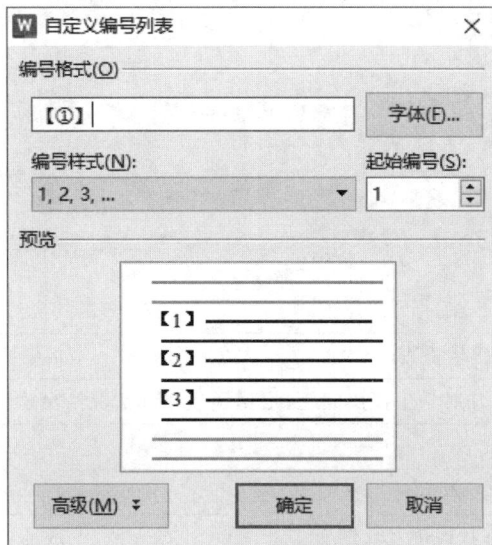

图 5-3　自定义编号列表

任务单 5 最终效果如图 5-4 所示。

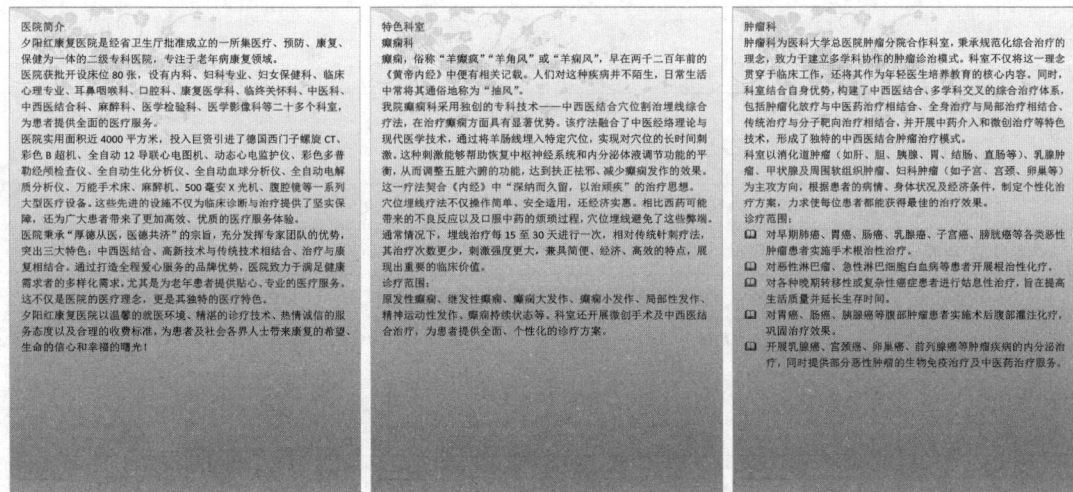

图 5-4　创建医院宣传手册效果图

内科
本院内科拥有一支高素质、高水平的技术骨干团队，全体医护人员秉承良好的医德医风，严格遵循祖国传统医学的整体理论，注重标本兼治、因人而异，强调个性化治疗。科室在诊治各种常见病、多发病方面具有丰富的临床经验，同时积累了大量疑难病例的诊断与治疗心得，针对各系统疾病，科室具备完善的诊断体系和综合治疗能力，为患者提供全面、优质的医疗服务。
诊疗范围：
【1】 呼吸道的急、慢性炎症、各种肺炎、肺结核、哮喘；
【2】 冠心病、高血压病、心律失常、慢性心衰；
【3】 急、慢性胃炎、消化性溃疡、结肠炎、慢性肝炎、肝硬化；
【4】 各种肾炎、泌尿系感染、肾病综合征；
【5】 甲亢、糖尿病；
【6】 血小板减少性紫癜、各种贫血等疾病的诊治；
【7】 风湿、类风湿性关节炎。

普外科
普外科是医院的重点专业科室，秉承"医德至高、医术至精"的宗旨，注重理论与实践相结合，精于辨证施治，勇于探索创新。科室通过不断学习和借鉴现代医学技术，始终保持医疗技术水平处于本地区领先地位。经过多年的发展，科室已形成专业齐全、技术力量雄厚的学科体系，并配备大量先进设备，在腹腔镜技术、乳腺疾病、肝胆胰腺疾病、胃肠疾病以及甲状腺疾病的诊断与治疗方面展现出显著的专业特色和技术优势。
诊疗范围：
1、腹腔镜专业：肝脏囊肿、肠粘连、腹膜后淋巴结活检、胆囊切除、阑尾切除术、脾切除、甲状腺、小肝癌切除、胆总管切开取石、疝修补手术。
2、乳腺甲状腺：乳腺小叶或囊性增生症、急性乳腺炎、乳管内乳头状瘤、乳腺纤维腺瘤、乳房异常发育症、乳腺癌根治、甲状腺肿瘤、甲状腺肿的美容切口手术，甲状腺癌改良根治及根治术等。
3、胃肠专业：选择性胃迷走神经切除、胃切除、胃癌根治术、胰十二指肠切除、肠梗阻、肠粘连、直肠癌等。

续图 5-4

质量检查		成绩：
指导教师检查任务完成情况，并对学生提出问题，根据学生实际情况给出建议。		
综合评价及建议		
学生自我评价及反馈		成绩：
根据自己在课堂中实际表现进行自我反思和自我评价。 自我反思和评价：＿＿＿＿＿＿＿＿＿		

任务评价表

评价项目	评价标准	配分	得分
文档创建	成功创建并保存"医院宣传手册"文档。	10	
简介编辑	正确录入医院简介内容并粘贴预先准备的文本。	20	
段落调整	成功互换了医院简介中的两个自然段。	20	
科室添加	设置分页符并粘贴了特色科室的介绍内容。	20	
页面设置	调整页面布局，添加背景图片，并设置了项目符号和编号。	30	
评价反馈			
任务完成度	□优秀 □良好 □基本完成 □有待提高	总得分	

任务单 6 编辑护士聘用协议书

学院名称		专业		姓名	
指导教师		日期		成绩	

任务情景	小明是一名医院行政人员,最近需要处理一份新的护士聘用协议书。他需要对现有的协议书进行编辑和格式化,包括添加内容、设置页面、调整段落格式等,以确保协议书内容完整、格式规范。小明决定使用 WPS Office 来完成这项任务,并希望通过这次编辑,提升自己对文档编辑的熟练度。
任务目标	(1)编辑并完善护士聘用协议书的内容。 (2)设置文档页面格式,使协议书美观规范。 (3)添加和调整项目符号及编号,提升文档的可读性。

任务准备	成绩:

(1)安装 WPS Office 软件。

确保电脑上已安装 WPS Office 软件,并了解其基本使用方法。

(2)准备素材。

准备好护士聘用协议书的文本素材,确保内容完整。

(3)设置工作环境。

确保有一个安静、不被打扰的工作环境,预留充足的时间进行任务执行。

重点和难点:<u>内容编辑、页面设置</u>

制订计划(对应课前内容)	成绩:

根据作业任务目标,完成作业计划描述。

作业项目	完成情况
(1)录入基本信息:在文档开头录入基本的协议书信息。	
(2)页面设置:设置协议书的纸张大小、方向和页边距。	
(3)添加项目符号和项目编号:在指定段落添加自定义项目符号和项目编号。	
(4)插入日期:在指定位置插入系统日期,并设置自动更新。	
(5)分栏设置:将指定段落分成两栏,并添加分隔线。	

计划审核	审核情况: 年　　月　　日

计划实施(根据每个任务制定)	成绩:

(1)打开"护士聘用协议书"文档,在文档开头"一、聘用期限"前录入以下文字内容:

护士聘用协议书

甲方:×××医疗点 　　　　　法定代表人:×××

乙方:××× 　　　　　　　　　电话:×××

为明确双方的责任、权利和义务,在平等自愿的前提下,甲方聘请乙方担任我院护士,从事临床护理工作,甲乙双方达成以下协议:

---

(2)对"护士聘用协议书"进行页面设置,纸张大小:A4,纸张方向:纵向,页边距:上2.6厘米,下2.6厘米,左1.9厘米,右1.9厘米。

(3)给聘用协议书中的"三、工作待遇"下面的2段文字添加自定义项目符号※(在字体"Wingdings 2"中)。

(4)给聘用协议书中的"二、工作内容和职责"下面的8个段落添加项目编号(1.2.3.……)。

(5)给聘用协议书中的"五、其他事项"下面的2个段落添加符号①②。

(6)在护士聘用协议书文档末尾,单击"插入"选项卡上的"文档部件"下的"日期",添加系统当前日期,并设置自动更新。

(7)对聘用协议书中的"二、工作内容和职责"下面的8个段落进行分栏,分成两栏,栏宽相等,加分隔线,间距1.5个字符。

最终效果如图6-1所示。

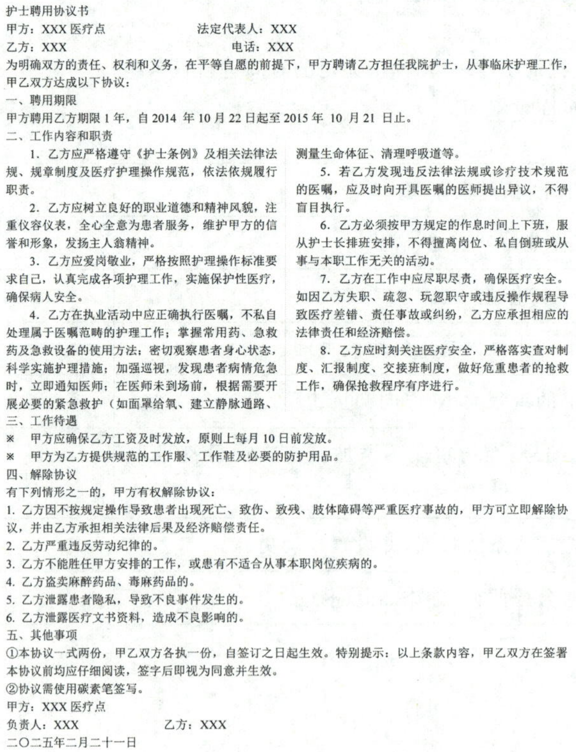

护士聘用协议书

甲方: XXX 医疗点 　　　　　法定代表人: XXX

乙方: XXX 　　　　　　　　　电话: XXX

为明确双方的责任、权利和义务, 在平等自愿的前提下, 甲方聘请乙方担任我院护士, 从事临床护理工作, 甲乙双方达成以下协议:

一、聘用期限

甲方聘用乙方期限1年, 自2014年10月22日起至2015年10月21日止。

二、工作内容和职责

1. 乙方应严格遵守《护士条例》及相关法律法规、规章制度及医疗护理操作规范, 依法依规履行职责。

2. 乙方应树立良好的职业道德和精神风貌, 注重仪容仪表, 全心全意为患者服务, 维护甲方的信誉和形象, 发扬主人翁精神。

3. 乙方应爱岗敬业, 严格按照护理操作标准要求自己, 认真完成各项护理工作, 实施保护性医疗, 确保病人安全。

4. 乙方在执业活动中应正确执行医嘱, 不私自处理属于医嘱范畴的护理工作; 掌握常用药、急救药及急救设备的使用方法; 密切观察患者身心状态, 科学实施护理措施; 加强巡视, 发现患者病情危急时, 立即通知医师, 在医师未到场前, 根据需要开展必要的紧急救护(如面罩给氧、建立静脉通路、测量生命体征、清理呼吸道等。

5. 若乙方发现违反法律法规或诊疗技术规范的医嘱, 应及时向开具医嘱的医师提出异议, 不得盲目执行。

6. 乙方必须按甲方规定的作息时间上下班, 服从护士长排班安排, 不得擅离岗位、私自倒班或从事与本职工作无关的活动。

7. 乙方在工作中应尽职尽责, 确保医疗安全。如因乙方失职、疏忽、玩忽职守或违反操作规程导致医疗差错、责任事故或纠纷, 乙方应承担相应的法律责任和经济赔偿。

8. 乙方应时刻关注医疗安全, 严格落实查对制度、汇报制度、交接班制度, 做好危重患者的抢救工作, 确保抢救程序有序进行。

三、工作待遇

※ 甲方应确保乙方工资及时发放, 原则上每月10日前发放。

※ 甲方为乙方提供规范的工作服、工作鞋及必要的防护用品。

四、解除协议

有下列情形之一的, 甲方有权解除协议:

1. 乙方因不按规定操作导致患者出现死亡、致伤、致残、肢体障碍等严重医疗事故的, 甲方可立即解除协议, 并由乙方承担相关法律后果及经济赔偿责任。

2. 乙方严重违反劳动纪律的。

3. 乙方不能胜任甲方安排的工作, 或患有不适合从事本职岗位疾病的。

4. 乙方盗卖麻醉药品、毒麻药品的。

5. 乙方泄露患者隐私, 导致不良事件发生的。

6. 乙方泄露医疗文书资料, 造成不良影响的。

五、其他事项

①本协议一式两份, 甲乙双方各执一份, 自签订之日起生效。特别提示: 以上条款内容, 甲乙双方在签署本协议前均应仔细阅读, 签字后即视为同意并生效。

②协议需使用碳素笔签写。

甲方: XXX 医疗点

负责人: XXX 　　　　乙方: XXX

二〇二五年二月二十一日

图6-1　护士聘用协议书效果图

质量检查		成绩：
指导教师检查任务完成情况,并对学生提出问题,根据学生实际情况给出建议。		
综合评价 及建议		
学生自我评价及反馈		成绩：
根据自己在课堂中实际表现进行自我反思和自我评价。 自我反思和评价:_____		

任务评价表

评价项目	评价标准	配分	得分
基本信息录入	在文档开头录入了基本的协议书信息。	20	
页面设置	正确设置了协议书的纸张大小、方向和页边距。	20	
项目符号添加	为指定段落添加了项目编号、自定义项目符号。	20	
插入日期	在指定位置插入系统日期,并设置自动更新。	20	
分栏设置	成功将指定段落分成了两栏,并添加了分隔线。	20	
评价反馈			
任务完成度	□优秀 □良好 □基本完成 □有待提高	总得分	

任务单 7　编排医院宣传手册

学院名称		专业		姓名	
指导教师		日期		成绩	

任务情景	小明是一名医院宣传部门的新员工,他需要负责编排医院宣传手册,以便更好地向患者和社区展示医院的服务和优势。小明需要对现有的文档进行详细的格式设置,包括字体、段落格式、项目符号等。他希望通过这次任务,提升自己在文档编排和格式设置方面的技能。
任务目标	(1)完成医院宣传手册的字体和段落格式设置。 (2)使用格式刷复制格式,确保文档统一美观。 (3)通过查找和替换功能提高文档的规范性。

任务准备	成绩:

(1)安装 WPS Office 软件。

确保电脑上已安装 WPS Office 软件,并了解其基本使用方法。

(2)准备素材。

准备好医院宣传手册的文本素材,确保内容完整。

(3)设置工作环境。

确保有一个安静、不被打扰的工作环境,预留充足的时间进行任务执行。

重点和难点:字体格式、段落格式、格式刷

制订计划(对应课前内容)	成绩:

根据作业任务目标,完成作业计划描述。

作业项目	完成情况
(1)设置"医院简介"和"特色科室"字体格式:设置"医院简介"的字体、字号、文字颜色、文字效果、字符间距等。	
(2)设置"医院简介"和"特色科室"段落格式:艺术字预设、首行缩进、行距、段前段后、大纲级别。	
(3)使用格式刷复制格式:将"标题段"及"内容段"格式应用到其他标题和内容段落中。	
(4)查找和替换:使用查找和替换功能删除文档中的多余空格。	
(5)项目编号:重新定义"肿瘤科"、"内科"、"普外科"三个科室下"诊疗范围"中的项目编号。	

计划审核	审核情况: 　　　　　　　　　　　　　　　　　　　　　　　年　月　日

计划实施(根据每个任务制定)	成绩:

🔊 **任务一:编排医院简介**

一、设置字体格式

(1)打开"医院宣传手册素材"文档,将"医院简介"下的所有内容选中(包含特色科室),进行如下设置:

字体:华文行楷;

字号:五号;

字体颜色:主题颜色 金色,背景2,深色90%。

(2)对"医院简介"四个字进行如下设置:

字体:华文琥珀,加粗;

字号:三号;

字体颜色:渐变填充,预设4(免费资源);文本轮廓:实线,0.25磅,文本轮廓颜色:深灰绿,着色3,深色50%;

文字效果:阴影,外部,右下斜偏移;倒影,紧密倒影,接触,倒影距离设置为4磅,其余为默认参数;

字符间距:加宽2磅。

二、设置段落格式

(1)将"医院简介"下的内容选中(不包含特色科室部分),进行如下设置:

首行缩进:2字符,行距:单倍行距,段后:0.5行。

(2)对"医院简介"四个字进行如下设置:

大纲级别:1级,段前0.5行。

🔊 **任务二:编排特色科室介绍**

一、设置字体格式

(1)将"特色科室"下的"癫痫科"三个字选中,进行如下设置:

字体:华文行楷;

字号:四号;

文字效果:艺术字预设:填充-黑色,文本1,阴影。

(2)将"癫痫科"下的"诊疗范围:"四个字选中,进行如下设置:

字体:华文行楷,加粗;

字号:小四号。

二、设置段落格式

(1)将"癫痫科"下文本选中"癫痫俗称为'羊癫疯',……癫痫持续状态等,微创手术、中西医结合治疗。"进行如下设置:

首行缩进:2字符,行距:单倍行距,段后:0.5行。

(2)将"癫痫科"三个字选中设置大纲级别:2级。

(3)取消"诊疗范围:"四个字的首行缩进,使其顶格对齐。

三、格式刷

(1)使用格式刷将"医院简介"的格式复制到"特色科室"。

(2)使用格式刷将"癫痫科"的格式复制到"肿瘤科""内科""普外科"。

(3)使用格式刷将"癫痫科"下文本"癫痫俗称为"羊癫疯",……癫痫持续状态等,微创手术、中西医结合治疗。"格式复制到其余三个科室的下方文本中。

编排医院简介

编排特色科室

(4)使用格式刷将"癫痫科"下的"诊疗范围:"四个字的文本格式复制到其余三个科室的"诊疗范围"中。注意:在使用格式刷的过程中,工单五中设置的项目符号及编号将被取消,请重新设置自定义项目编号1、2、3、……。

四、查找和替换

使用查找和替换功能删除文档中的空格,查找空格,替换不需要输入任何字符,文档中将有 2 处空格被删除。

制作完成后如图 7-1 所示。

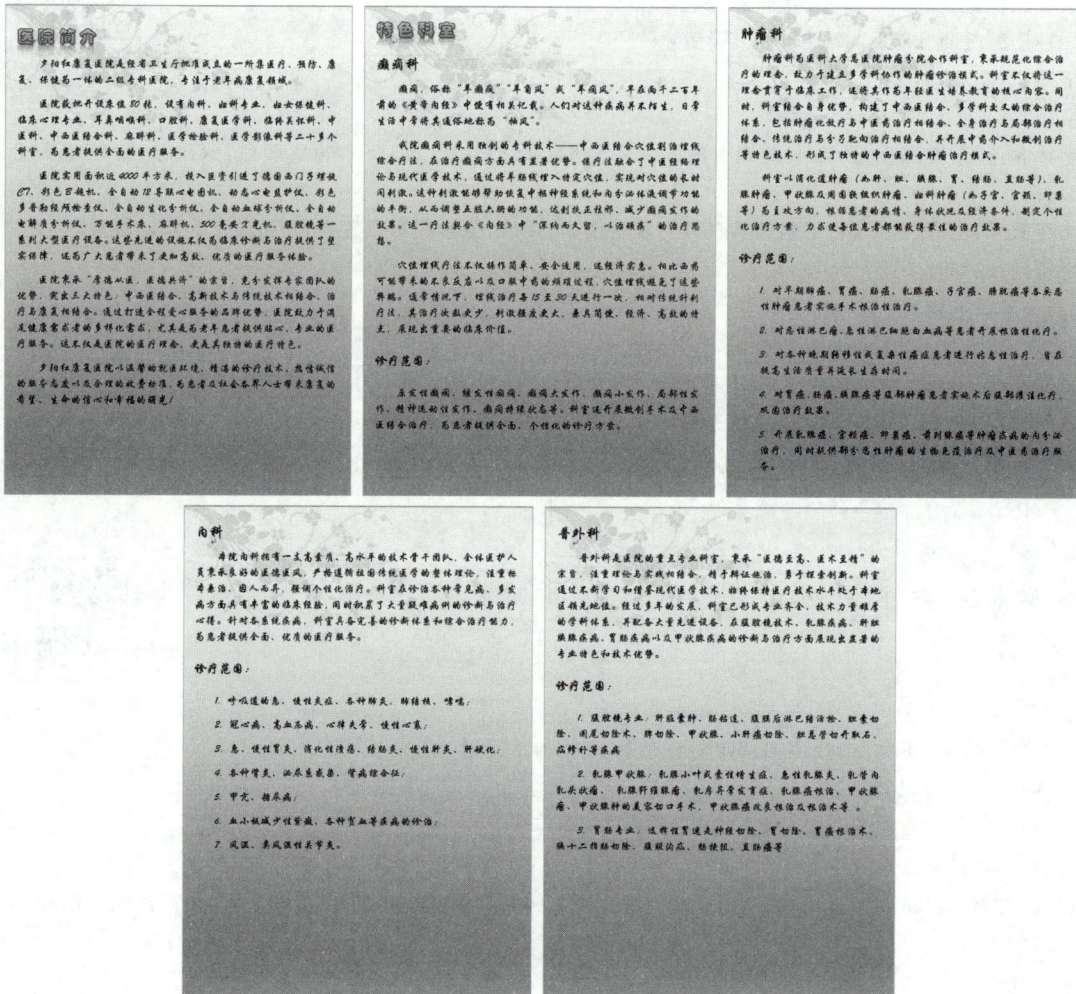

图 7-1　编排医院宣传手册效果图

质量检查	成绩:
指导教师检查任务完成情况,并对学生提出问题,根据学生实际情况给出建议。	
综合评价及建议	

学生自我评价及反馈	成绩：
根据自己在课堂中实际表现进行自我反思和自我评价。 自我反思和评价：_____	

任务评价表

评价项目	评价标准	配分	得分
字体格式设置	正确设置了医院简介和特色科室的字体、字号、文字颜色、文字效果、字符间距等。	25	
段落格式设置	正确设置了医院简介和特色科室的首行缩进、行距、段前段后、大纲级别等。	25	
格式刷使用	成功使用格式刷复制格式到其他部分。	20	
查找和替换	成功使用查找和替换功能删除文档中的多余空格。	20	
项目编号	重新定义"肿瘤科""内科""普外科"三个科室下"诊疗范围"中的项目编号。	10	
评价反馈			
任务完成度	□优秀 □良好 □基本完成 □有待提高	总得分	

任务单 8　编排临床科室管理制度(选做)

学院名称		专业		姓名	
指导教师		日期		成绩	

任务情景	小明是一名医院行政人员,最近需要编排一份临床科室管理制度文档,以确保各科室的工作规范和管理制度得到清晰明了的展示。他需要对现有的文档进行格式调整和内容整理,以使文档更加规范和易读。
任务目标	(1)完成临床科室管理制度文档的标题和正文格式设置。 (2)使用格式刷统一段落格式。 (3)通过查找和替换功能删除文档中的多余内容。

任务准备	成绩:

(1)安装 WPS Office 软件。
确保电脑上已安装 WPS Office 软件,并了解其基本使用方法。
(2)准备素材。
准备好临床科室管理制度的文本素材,确保内容完整。
(3)设置工作环境。
确保有一个安静、不被打扰的工作环境,预留充足的时间进行任务执行。
重点和难点:标题格式、段落位置、查找替换

制订计划(对应课前内容)	成绩:

根据作业任务目标,完成作业计划描述。

作业项目	完成情况
(1)设置标题格式:对标题"临床科室管理规章制度"进行格式设置。	
(2)设置正文格式:调整正文部分的字体、字号、首行缩进和行距。	
(3)段落格式复制:复制第二自然段的格式到其他段落。	
(4)查找和替换内容:删除文档中方括号中的数字内容。	
(5)保存文档:保存格式调整后的文档。	

计划审核	审核情况: 　　　　　　　　　　　　　　　　　　　年　月　日

计划实施(根据每个任务制定)	成绩:

(1)打开"临床科室管理制度"文档,对标题"临床科室管理规章制度"进行如下设置。

字体:黑体,加粗;

字号:小二号;

对齐方式:居中。

(2)对正文部分进行如下设置。

字体:楷体;

字号:四号;

首行缩进:2字符;

行距:固定值,18磅;

段前:0.5行。

(3)对正文第二自然段"一、劳动纪律管理及医德医风监督"进行如下设置。

加粗,文字颜色:标准色—蓝色。

将正文第二自然段"一、劳动纪律管理及医德医风监督"设置好的格式复制到"二、医疗业务管理"中。

(4)查找和替换。

文档中多处出现了方括号中有一位数字或两位数字的内容(例如:[1]、[11]等等)共计16处,使用查找和替换功能将这16处内容删除,查找时先输入"[",再单击"特殊格式"下的"任意数字",最后输入"]",如图8-1所示。

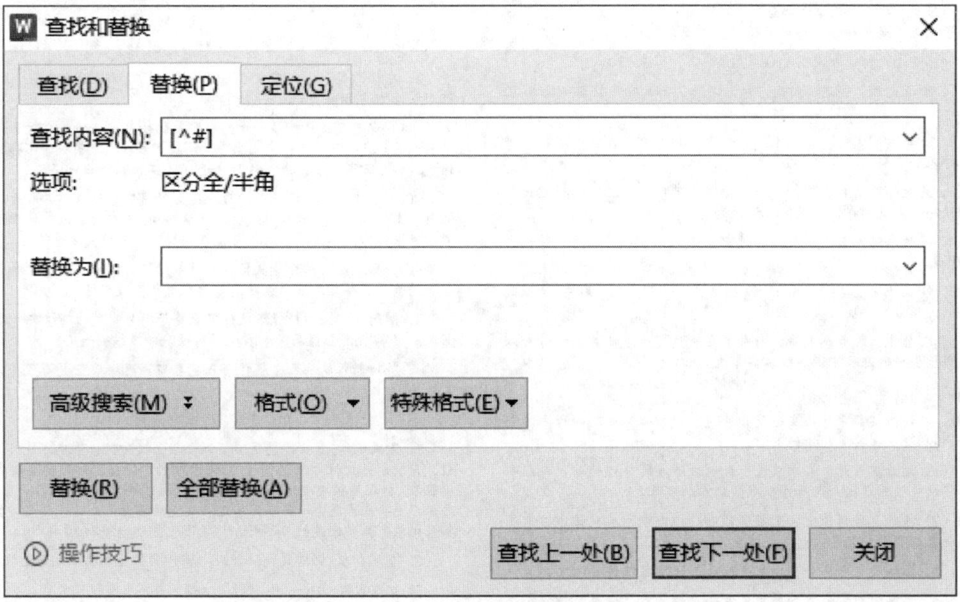

图8-1 查找和替换1

注意:需要使用查找替换功能两次才能完全删除,第一次删除方括号中有一位数字的内容(单击一次"任意数字"),第二次删除方括号中有两位数字的内容(单击两次"任意数字"),如图8-2所示。

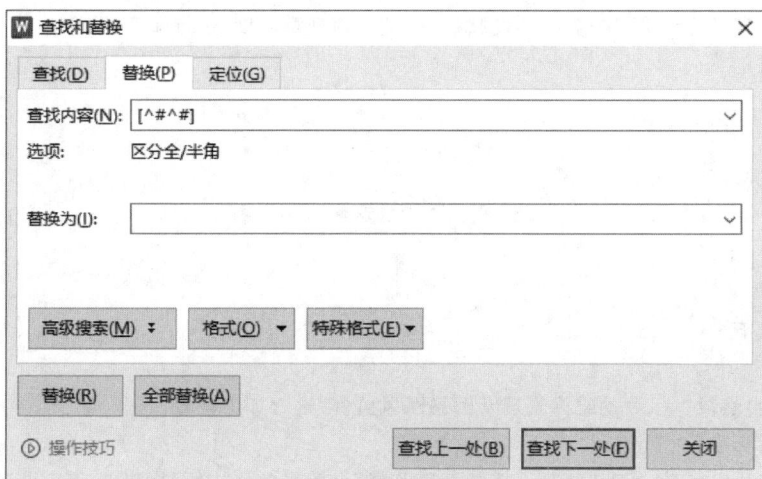

图 8-2　查找和替换 2

制作完成后如图 8-3 所示。

临床科室管理规章制度

为全面贯彻执行医院的各项规章制度，认真遵守和落实各项医疗操作规范，不断提高科室医疗业务水平，提升医疗护理服务质量，强化和确保医疗安全，充分调动全科医护人员的积极性和主动性，更好服务于广大患者，结合本科实际做出以下规章制度：

一、劳动纪律管理及医德医风监督

1、无故迟到、早退、溜岗、私自调班、不按时交接班一次扣 20 元。

2、上班时间工作不在状态，长时间打私人电话、扎堆闲聊，做与工作无关的事一次扣 20 元。

3、无故不服从科主任、护士长排班或工作调配，影响科室正常工作秩序，以及未按请假规定无故缺勤一次扣 50 元。

4、无故未假不参加科务会和科室相关的业务学习、培训等一次扣 50 元。

5、着装必须整洁，未按统一规范穿戴工作服（帽、鞋），未佩戴胸牌（上岗证）发现一次扣 20 元。

6、工作中因服务态度差，与患者及家属发生争吵甚至纠纷，以及因医德医风问题被投诉的经核实每次扣 50 元。

二、医疗业务管理

1、在诊疗过程中，存在违反相关《医疗核心制度》的行为经查实一次扣 50 元。具体包括如下：

（1）接诊病人时，未按首诊负责制进行及时合理处治，存在明显责任性失误或过错，或是存在推诿病人的现象。

（2）未认真履行值班、交接班制度，值班期间或交接班时未尽到其应有的职责和义务。

（3）不按规定查房和参加查房，或未及时写好查房记录。

（4）未及时组织或参加危重患者的抢救治疗，未及时做好抢救记录。

（5）违反处方管理规定，处方点评时存在问题及发现门诊登记不全。

（6）存在住院病历书写不规范、不及时的，对月底拖欠出院病历每份另扣 20 元。

（7）不按规定将疑难病例提出且进行讨论的，或讨论后未记录。

（8）在诊治过程中，未认真执行查对制度。

（9）不按规定对病人进行转院转诊的行为。

（10）对相关病例，未认真执行会诊制度。

2、在诊疗过程中，存在违反相关操作规范的行为经查实一次扣 20 元。具体包括如下：

（1）有违反《医疗技术操作规范》的情况，如操作前对患者病情不熟悉，准备不够充分，或操作时消毒不严格，无菌观念不强，操作方式和步骤不正规，或操作后未进行必要的观察和处理。

（2）有违反《医疗设备操作规范》的情况，如操作前未看说明书或根本不熟悉设备的操作流程和注意事项，未对设备进行故障排查，不按常规操作，不爱护医疗设备，未按规定填写相关记录等。

（3）有违反《医疗废物操作规范》的情况，如未按规定对医疗废物进行分类存放，未按规定对医疗废物做毁形等。

3、对违反院感防控管理及传染病登记报告制度的经核实一次扣 50 元，不按规定登报药品和器械不良反应的经核实一次扣 50 元。

4、接待新入院病人必须作好入院介绍。现场检查或询问病人，未

落实、效果不佳、介绍内容不全、不及时扣 10 元/次。

5、医嘱执行：护士熟悉医嘱查对制度，及时执行医嘱，服药、注射、输液严格执行"三查七对"，记录及时、完整。静脉输液瓶加药后签名，加药后核对安培签名，各类医嘱核对单、输液卡执行后签名，并保存至病人出院。护士每天总查对医嘱后在处方上双人签名。查看相关记录。查对制度执行不好、记录不完整均一项扣 10 元/次。

6、基础护理：做好晨晚间护理，保持病房及病床单元床整洁。

7、护理文件书写：书写及时，准确完整，质量符合要求。漏一份护理记录，字体马虎，扣 10 元/次。

8、采集检验标本：严格查对、选择合适容器，放置环境符合要求，及时送检，送检确保标本安全、完好，标识正确、清晰。现场查看及询问病人，标本遗失、摔破、标识错误或错、漏采集，未采集检验标本的病人又不交班的每项扣 10 元/次。导致护理差错者由护理部处理。

图 8-3　编排临床科室管理制度效果图

质量检查	成绩:
指导教师检查任务完成情况,并对学生提出问题,根据学生实际情况给出建议。	
综合评价 及建议	
学生自我评价及反馈	成绩:
根据自己在课堂中实际表现进行自我反思和自我评价。 自我反思和评价:＿＿＿＿＿＿＿＿＿＿＿	

任务评价表

评价项目	评价标准	配分	得分
标题格式设置	正确设置了标题的字体、字号和对齐方式。	20	
正文格式设置	正确设置了正文的字体、字号、首行缩进和行距。	20	
段落格式复制	成功使用格式刷复制第二自然段的格式到其他段落。	30	
查找和替换内容	成功使用查找和替换功能删除文档中的多余数字内容。	30	
评价反馈			
任务完成度	□优秀 □良好 □基本完成 □有待提高	总得分	

任务单9　美化医院宣传手册

学院名称		专业		姓名	
指导教师		日期		成绩	

任务情景	小明是一名医院宣传部门的新员工,负责编排和美化医院宣传手册。他需要使用 WPS Office 进行详细的格式调整和内容编排,包括封面设计、医院文化页、特色科室页的美化和封底制作。通过这次任务,小明希望提升自己的文档编排和设计技能,以制作出专业美观的宣传手册。
任务目标	(1)设计并制作医院宣传手册的封面、医院文化页、特色科室页和封底。 (2)设置文档的整体格式和样式,提高文档的美观性和专业性。 (3)使用图片和艺术字等元素,增强宣传手册的视觉效果。

任务准备	成绩:

(1)安装 WPS Office 软件。

确保电脑上已安装 WPS Office 软件,并了解其基本使用方法。

(2)准备素材。

准备好医院宣传手册的文本素材和图片素材,确保内容完整。

(3)设置工作环境。

确保有一个安静、不被打扰的工作环境,预留充足的时间进行任务执行。

重点和难点:图片设置、艺术字、文档格式

制订计划(对应课前内容)	成绩:

根据作业任务目标,完成作业计划描述。

作业项目	完成情况
(1)制作封面:通过插入和设置图片、艺术字,完成封面页的制作。	
(2)制作封底:通过插入和设置图片、文本框、二维码,完成封底的制作。	
(3)制作"医院文化":通过插入和设置图片、文本框,完成"医院文化"的制作。	
(4)美化"特色科室":通过插入和设置图片、形状,完成"特色科室"的美化。	
(5)调整文档整体格式及页面:确保文档的整体格式统一,检查并修正格式问题。	

计划审核	审核情况:
	年　　月　　日

计划实施(根据每个任务制定)	成绩:

打开"医院宣传手册素材"文档,在文档开头插入两个分页符,进行封面及医院文化的制作。("医院简介"成为第三页)

🌐 任务一:制作封面封底

一、制作封面

1.插入及设置图片

(1)在第一个空白页即封面页插入图片"背景 1",在"图片工具"选项卡标签下选择背景 1 的图片环绕方式为:衬于文字下方。

(2)设置"背景 1"图片"旋转/水平翻转"。

(3)在封面页插入图片"素材 1",设置其图片环绕方式为:浮于文字上方。

(4)对图片"素材 1"设置透明色,删除白色背景。

2.插入及设置艺术字

在封面上插入四组艺术字,分别为:

(1)"医科大学总医院协作医院"艺术字预设样式:填充—黑色,文本 1,阴影;调整字体:华文行楷,字号:小四号,颜色:深灰绿,着色 3,深色 50%。

(2)"城镇职工医疗保险定点医院 城乡居民医疗保险定点医院"艺术字预设样式及字体与"医科大学总医院协作医院"相同。

(3)"夕阳红康复医院"艺术字预设样式:填充-黑色,文本 1,阴影;取消文字加粗;调整字体:华文琥珀,字号:小初,颜色:用取色器提取背景中的绿色。

(4)"老年康复保健手册"艺术字预设样式:填充-黑色,文本 1,阴影;取消文字加粗;调整字体:华文琥珀,字号:30 磅,颜色:用取色器提取背景中的绿色。

调整四款艺术字至合适位置,调整后效果如图 9-1 所示。

图 9-1　医院宣传手册封面效果图

二、制作封底

1.插入及设置图片

文档的结尾处插入分页符,进行封底的制作。在封底页插入图片"背景 2",在"图片工具"选项卡标签下选择背景 2 的图片环绕方式为:衬于文字下方。

2.插入及设置艺术字

(1)插入艺术字:"我们的生活决定于我们的思想、心态。只要心境好,心态好,心怀挚爱,那么阳光每天都将是新鲜、美好、温馨、浪漫、诗意的。"艺术字预设样式:填充—黑色,文本1,阴影;取消字体加粗,调整字体:华文行楷,字号:三号,颜色:用取色器提取背景中间绿色光条中的绿色;段落:首行缩进2字符,调整到页面上方。

(2)插入艺术字:"走近阳光 享受健康",艺术字预设样式:填充-黑色,文本1,阴影;取消文字加粗;调整字体:华文琥珀,字号:三号,颜色:用取色器提取背景中间绿色光条中的绿色,调整到页面中间。

(3)插入艺术字:"地址:吉林省辽源市光明大街777号 网址:https://lyvtc.edu.cn/ 电话:0437-3524700、3524701",艺术字预设样式:填充-黑色,文本1,阴影;取消文字加粗;调整字体:华文行楷,字号:小四号,调整到页面底部。

3.插入二维码

在文档底部单击"插入"选项卡下的"更多素材/二维码",输入内容:https://lyvtc.edu.cn/,"颜色设置/前景色":深绿色,嵌入文字:康复医院。设置其环绕方式为:浮于文字上方,高度3厘米、宽度3厘米,其余均用默认设置。

制作完成后如图9-2所示。

图9-2 医院宣传手册封底效果图

◆ 任务二:美化内页

一、制作医院文化

将"医院简介"复制到第二页,并更改为"医院文化"(也可以先录入"医院文化"再用格式刷复制"医院简介"的格式)。

1.插入及设置文本框

(1)在"医院文化"下方插入横向文本框,内容如下。

制作封底

制作医院文化

医院宗旨:专业铸就品牌 平价服务百姓

医院精神:科学 诚信 温馨 平价

团队理念:团结 奋进 高效 人性

(2)设置文本框绘图工具下无填充颜色,无边框颜色。

(3)设置文本框文本工具下艺术字预设样式:填充—黑色,文本1,阴影;调整字体:华文行楷,字号:二号,颜色:深灰绿,着色3,深色50%。

(4)选中文本框,单击文本框文本工具下的段落启动器,设置其行距:固定值38磅。

2.插入及设置图片

(1)将插入点移到"医院文化"后,插入图片素材2,设置素材2的文字环绕方式为:"浮于文字上方",并将图片调整至该页面下方。

(2)按形状裁剪素材2,基本形状/心形。

(3)设置图片效果:阴影/外部/右下斜偏移。

最终效果如图9-3所示。

图9-3 医院文化效果图

二、美化特色科室

1.插入及设置图片

(1)"癫痫科":插入图片素材4,设置其环绕方式为:紧密型环绕,高度为:3.5厘米;设置图片效果:阴影/外部/右下斜偏移,设置图片边框颜色:深灰绿,着色3,深色50%,边框线型:3磅,调整图片至页面右上角。

(2)"肿瘤科":插入图片素材6,设置其环绕方式为:浮于文字上方,高度为:2.7厘米;设置图片效果:柔化边缘2.5磅,调整图片至页面下方。

（3）"内科"：插入图片素材 5、素材 7，设置其环绕方式为：紧密型环绕，高度为：3.5 厘米；按形状裁剪素材 5 和 7，矩形/对角圆角矩形；设置图片效果：阴影/外部/右下斜偏移。

（4）"普外科"：插入图片素材 3、素材 8，设置其环绕方式为：紧密型环绕，高度为：3.2 厘米；设置图片效果：阴影/外部/右下斜偏移。

2．插入及设置形状

在"内科"页面中插入形状：星与旗帜/十字星，设置绘图工具：填充/渐变填充/预设 4，轮廓颜色：深灰绿，着色 3，深色 25%，设置形状效果：阴影/外部/右下斜偏移。高度 1.5 厘米，宽度 1 厘米。再复制两个十字星，调整至合适的位置，调整后效果如图 9-4 所示。

图 9-4　特色科室效果图

质量检查	成绩：
指导教师检查任务完成情况，并对学生提出问题，根据学生实际情况给出建议。	
综合评价及建议	
学生自我评价及反馈	成绩：
根据自己在课堂中实际表现进行自我反思和自我评价。 自我反思和评价：_____	

任务评价表

评价项目	评价标准	配分	得分
封面设计	正确设置了封面的图片和艺术字	20	
封底制作	成功插入封底图片和艺术字，添加二维码	20	
医院文化页制作	录入"医院文化"标题，插入并设置文本框和图片格式	20	
特色科室美化	成功插入并设置特色科室的图片和形状，调整图片效果	20	
文档格式调整	确保文档的美观、整体格式统一，检查并修正格式问题	20	
评价反馈			
任务完成度	□优秀 □良好 □基本完成 □有待提高	总得分	

任务单 10　制作卫生知识宣传栏

学院名称		专业		姓名	
指导教师		日期		成绩	

任务情景	小明是一名医院宣传部门的新员工,负责制作一份卫生知识宣传栏,以向患者和社区传达重要的卫生知识和健康信息。他需要使用 WPS Office 进行详细的格式设置和内容编排,确保宣传栏美观、专业且信息丰富。
任务目标	(1)设计并制作卫生知识宣传栏的整体布局。 (2)使用图片、艺术字和文本框增强宣传栏的视觉效果。 (3)编排和排版宣传栏的文字内容,使其美观易读。

任务准备	成绩:

(1)安装 WPS Office 软件。

确保电脑上已安装 WPS Office 软件,并了解其基本使用方法。

(2)准备素材。

准备好卫生知识宣传栏的文本和图片素材,确保内容完整。

(3)设置工作环境。

确保有一个安静、不被打扰的工作环境,预留充足的时间进行任务执行。

重点和难点:图片设置、艺术字、文本框

制订计划(对应课前内容)	成绩:

根据作业任务目标,完成作业计划描述。

作业项目	完成情况
(1)设置页面:调整文档的纸张大小、页边距和背景图片。	
(2)插入艺术字和图片:插入并设置艺术字和图片,调整位置和样式。	
(3)文本分栏和排版:将文本内容分栏,进行字符和段落排版。	
(4)添加图形和文本框:插入并设置文本框和图形,调整填充和效果。	
(5)使用智能图形:插入并设置智能图形中的 SmartArt,添加相关文字和图片。	

计划审核	审核情况: 年　月　日

计划实施(根据每个任务制定)	成绩:

新建文档:"卫生知识宣传栏.docx",打开"卫生知识宣传栏.docx"做如下操作。

(1)纸张大小:自定义宽度40厘米,高度20厘米;页边距:上下左右各1.27厘米;纸张方向:横向,选择图片背景作为文档背景。

(2)插入艺术字:"医院卫生知识宣传栏"。艺术字样式:填充—白色,轮廓—着色1,设置文本工具下的文本效果:阴影/外部/右下斜偏移。倒影:紧密倒影,接触;字体:华文琥珀;字号:60。

(3)插入图片"护士举牌.jpg",移至右上角,并修改图片的环绕为:衬于文字下方,同时在图片上插入艺术字:"健康成长"。艺术字样式:填充—白色,轮廓—着色1,字体:华文行楷;字号:28;颜色:用取色器提取护士举牌图片中头发的颜色。

(4)将"卫生知识宣传栏文字"中的文本内容"肠道传染病有一个共同特点,……有时还会出现腹痛、恶心等症状。"复制到"卫生知识宣传栏"中,将复制的文本分成三栏,第一栏宽度45字符,间距2字符,第二栏宽度27.07字符,间距2字符,第三栏宽度25.07字符,分栏完成后对文本的字符和段落进行排版操作。

(5)加入艺术字与图形"钩虫病与蛲虫病",文字方向:垂直,艺术字效果、字形、字号可自行设置。

(6)为文档加入适当的图片,并对图片进行效果设置。

(7)为"钩虫病的症状:"和"蛲虫病有哪些症状?"添加文本框,"钩虫病的症状:"文本框设置:形状填充"橙色",形状效果"填充—无线条—阴影",文字设置:艺术字样式"填充—白色,轮廓—着色1",小二号字,华文琥珀。"蛲虫病有哪些症状?"文本框设置:形状填充"渐变填充—无线条—阴影",更改形状"前凸带形",文字设置:艺术字样式"填充—沙棕色,着色2,轮廓—着色2",三号字,华文琥珀,

(8)为第一段文字添加竖排文本框"警惕肠道传染病",文本框设置:形状填充"细微效果—蓝色,强调文字颜色1",更改形状"竖卷形",文字设置:艺术字样式"填充—无,轮廓-强调文字颜色2",小二号字,华文琥珀。

(9)对"警惕肠道传染病"五个环节制作首字下沉,下沉2行,并添加文字效果。

(10)为"警惕肠道传染病"栏目添加"圆角矩形","衬于文字下方",形状填充"渐变填充,实线,加粗",更改填充:"钢蓝,着色1,浅色80%";形状轮廓"钢蓝,着色1""粗细4.5磅"。

(11)为"钩虫病与蛲虫病"栏目添加两个矩形,形状样式均为:无轮廓,渐变红色填充,渐变效果由深红到白色,设置各光圈透明度由无透明至100%透明。效果如图10-1所示。

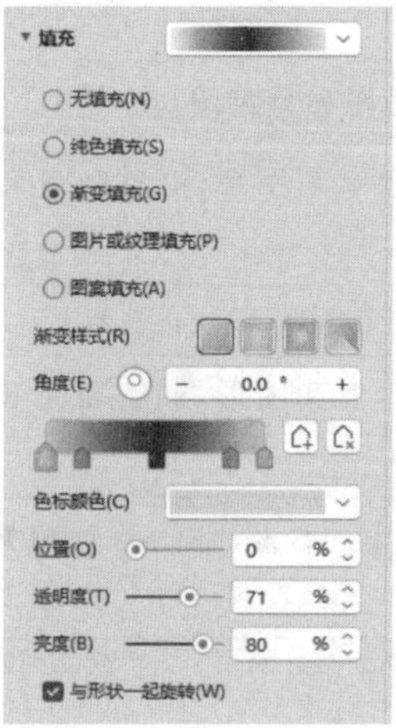

图 10-1　形状渐变填充

(12)插入智能图形"SmartArt-基本流程",修改"环绕"为"浮于文字上方",添加形状至六个,设置 Smart-Art 样式,系列配色:彩色,为智能图形添加文字,字体设置:黑体,添加相应的图片 1-1 至 1-6,设置图片环线:浮于文字上方,宽度:2 厘米,图片效果:阴影/外部/右下斜偏移,置于底层,设置对齐方式横向分布,六张图片均裁剪为"圆角矩形"。最后添加艺术字"标准洗手方法六步骤"作为标题,最终效果如图 10-2 所示。

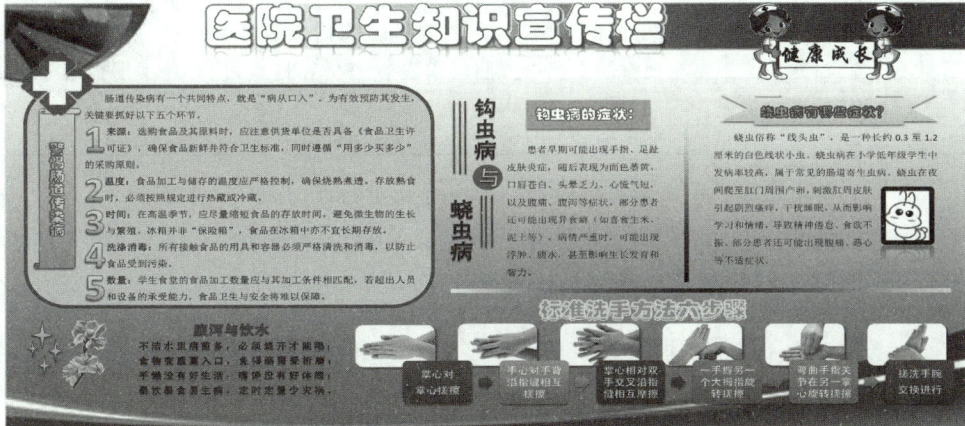

图 10-2　卫生知识宣传栏效果图

质量检查	成绩:
指导教师检查任务完成情况,并对学生提出问题,根据学生实际情况给出建议。	
综合评价 及建议	
学生自我评价及反馈	成绩:
根据自己在课堂中实际表现进行自我反思和自我评价。 自我反思和评价:_____	

任务评价表

评价项目	评价标准	配分	得分
页面设置	正确设置了文档的纸张大小、页边距和背景图片。	15	
艺术字和图片	正确插入并设置了艺术字和图片,调整位置和样式。	15	
文本分栏排版	正确将文本内容分栏,并进行字符和段落排版。	20	
图形和文本框	正确插入并设置了文本框和图形,调整填充和效果。	25	
智能图形	正确插入并设置了智能图形中的 SmartArt,添加了相关文字和图片。	25	
评价反馈			
任务完成度	□优秀 □良好 □基本完成 □有待提高	总得分	

任务单 11　制作医院宣传手册表格

学院名称		专业		姓名	
指导教师		日期		成绩	

任务情景	小明是一名医院宣传部门的新员工,负责制作医院宣传手册中的"专家推荐"和"医院设备"部分。他需要在现有的文档中按照要求设置表格和格式,使宣传手册内容丰富、结构清晰、视觉美观。
任务目标	(1)制作并格式化"专家推荐"表格,展示医院专家信息。 (2)制作并格式化"医院设备"表格,展示医院设备图片和说明。 (3)确保文档整体布局美观且内容易读。

任务准备	成绩:

(1)安装 WPS Office 软件。

确保电脑上已安装 WPS Office 软件,并了解其基本使用方法。

(2)准备素材。

准备好医院宣传手册的文本和图片素材,确保内容完整。

(3)设置工作环境。

确保有一个安静、不被打扰的工作环境,预留充足的时间进行任务执行。

重点和难点:表格设置、图片插入

制订计划(对应课前内容)	成绩:

根据作业任务目标,完成作业计划描述。

作业项目	完成情况
(1)插入分页符:在"医院简介"后插入三个分页符,创建空白页。	
(2)制作专家推荐表格:插入并设置专家推荐的表格和内容。	
(3)设置专家推荐表格格式:调整表格的行高、列宽和边框样式。	
(4)制作医院设备表格:插入并设置医院设备的表格和图片。	
(5)设置医院设备表格格式:调整表格的对齐方式和图片效果,添加形状和设备名称。	

计划审核	审核情况: 　　　　　　　　　　　　　　　　　　　　　年　月　日

计划实施(根据每个任务制定)	成绩：

打开"医院宣传手册素材"文档，在"医院简介"后插入三个分页符，进行"专家推荐"及"医院设备"的制作。

任务一：制作专家推荐

(1)将"医院简介"复制到下面空白页，并更改为"专家推荐"(也可以先录入"专家推荐"再用格式刷复制"医院简介"的格式)。

在专家推荐页插入一个2行2列的表格，将第一列两个单元格合并，调整表格的行高和列宽：第1列列宽4.35厘米，第二列列宽6.84厘米，第一行行高2厘米，第二行行高4厘米。调整表格边框，调出边框和底纹对话框，外边框样式：粗实线，颜色：深灰绿，着色3，深色50％，宽度：3磅。内边框样式：细虚线，颜色：深灰绿，着色3，深色50％，宽度：1.5磅，如图11-1所示。

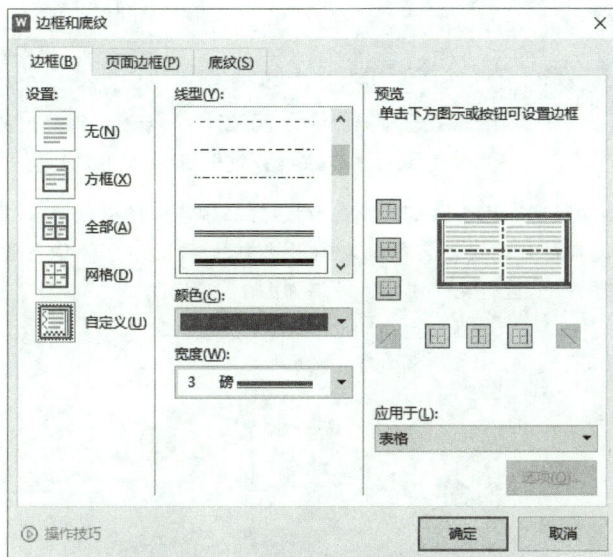

图11-1 边框和底纹对话框

(2)在第一个单元格中插入图片，选中图片调整图片大小以适应单元格，若图片大小不合适可进行适当裁剪，设置单元格对齐方式水平及垂直方向居中，将"专家推荐"第一位专家介绍文字复制到第2列单元格中，设置字体为：华文行楷，五号字，颜色：深灰绿，着色3，深色50％。段落排版如下：段前：0.2行，行距：固定值14磅。其余四名医院专家介绍可复制已完成的表格进行修改，注意：如果两名专家介绍之间有空段，则两名专家的表格不会进行自动合并，否则将合并成一张表格。最终效果如图11-2所示。

任务二：制作医院设备介绍

将"医院简介"复制到下面"专家推荐"下方空白页，并更改为"医院设备"(也可以先录入"医院设备"再用格式刷复制"医院简介"的格式)

(1)在"医院设备"下方插入4行3列的表格，将第2行进行单元格合并，合并后将其拆分成2列，用同样的方法将第4行进行单元格合并，合并后将其拆分成2列。

(2)将10张医院设备图片插入到表格的10个单元格中，调整图片的高度3厘米，宽度3厘米，取消锁定纵横比，设置图片效果：阴影，外部，右下斜偏移。

(3)设置表格对齐方式水平垂直方向居中，取消表格的边框(无框线)，设置表格行高3.7厘米。

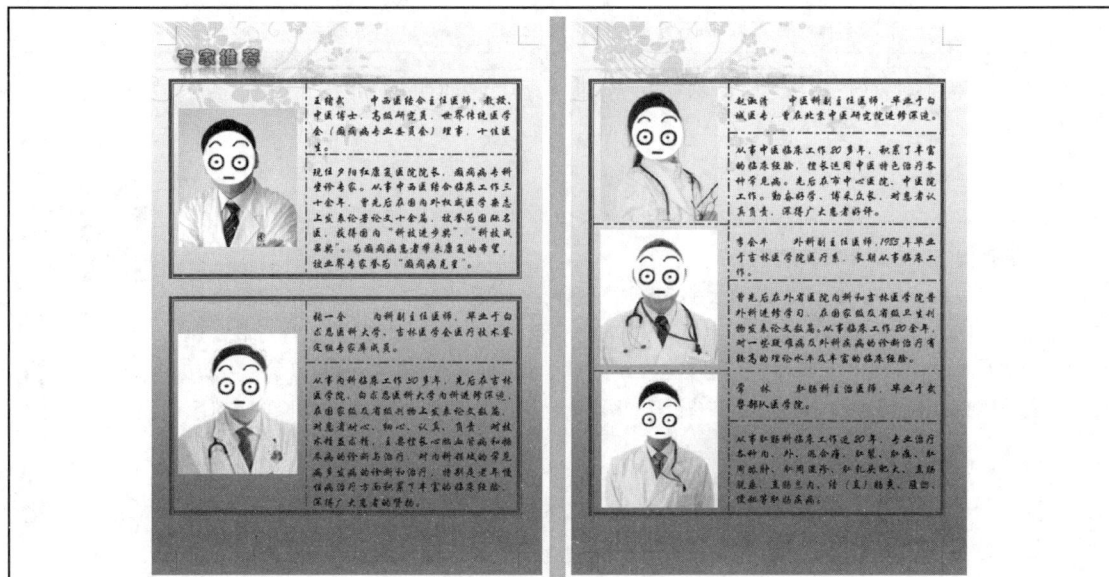

图 11-2 专家推荐效果图

(4)插入形状:"剪去对角的矩形",用绘图工具设置形状样式,颜色选择绿色,预设样式选择填充-无线条-阴影,编辑形状文字,将对应图片的设备名称录入到形状中,设置文字字体华文琥珀,字号小五,居中对齐。复制该形状至其余图片下,进行文字说明。效果如图 11-3 所示。

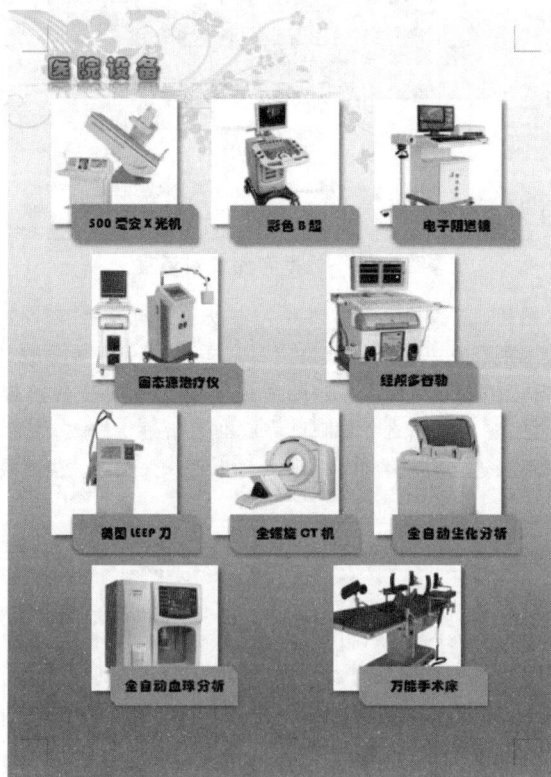

图 11-3 医院设备效果图

质量检查		成绩:
指导教师检查任务完成情况,并对学生提出问题,根据学生实际情况给出建议。		
综合评价 及建议		
学生自我评价及反馈		成绩:
根据自己在课堂中实际表现进行自我反思和自我评价。 自我反思和评价:_____		

任务评价表

评价项目	评价标准	配分	得分
分页符插入	在"医院简介"后成功插入三个分页符并录入标题。	15	
创建专家推荐表格	正确插入并设置了专家推荐的表格和内容,表格创建、文字和图片录入、行高、列宽、合并单元格、对齐方式等。	15	
美化专家推荐表格	对专家推荐表格进行文字格式化、边框样式的设置。	20	
创建医院设备表格	正确插入并设置了医院设备的表格和图片,表格创建、插入图片、行高、列宽、合并拆分单元格、对齐方式等。	20	
美化医院设备表格	对医院设备表格进行图片、边框样式的设置,插入形状介绍医院设备,并对形状进行编辑和美化。	30	
评价反馈			
任务完成度	□优秀 □良好 □基本完成 □有待提高	总得分	

任务单 12　制作出院结算单(选做)

学院名称		专业		姓名	
指导教师		日期		成绩	
任务情景		小明是一名医院财务部门的新员工,负责制作出院结算单。他需要使用 WPS Office 创建一份标准的出院结算单,以便对患者的住院费用进行清晰的结算和记录。小明希望通过这次任务,提升自己的表格制作和格式设置能力。			
任务目标		(1)创建并格式化出院结算单的文档和表格。 (2)设置表格的边框、行高和单元格格式。 (3)确保结算单内容完整、布局清晰。			

任务准备	成绩:

(1)安装 WPS Office 软件。

确保电脑上已安装 WPS Office 软件,并了解其基本使用方法。

(2)准备素材。

准备好出院结算单的文本内容,确保内容完整。

(3)设置工作环境。

确保有一个安静、不被打扰的工作环境,预留充足的时间进行任务执行。

重点和难点:表格设置、边框和底纹

制订计划(对应课前内容)	成绩:

根据作业任务目标,完成作业计划描述。

作业项目	完成情况
(1)页面设置:设置纸张大小为 A4,方向为横向。	
(2)创建编辑表格:插入 10 行 10 列表格,设置表格行高并合并单元格。	
(3)美化表格:为表格设置边框线型、大小、颜色、底纹。	
(4)输入文字:在表格内外录入相应文字。	
(5)编辑文字:对文档里所有文字进行格式化操作。	

计划审核	审核情况: 　　　　　　　　　　　　　　　　　　　　年　　月　　日

计划实施（根据每个任务制定）	成绩：

新建文档"出院结算单.docx"，打开"出院结算单"做如下操作。

（1）纸张大小 A4，纸张方向设置为"横向"，输入表格标题"出院结算单"，设置为：宋体、小一、加粗、居中。在标题下方输入"结算时间：　年　月　　日"，设置为：宋体、四号字。

（2）插入 10 行 10 列表格，设置表格行高"1 厘米"，合并相应单元格。在表格下方输入"经办人：　审核人：　领款人：　"，设置为：宋体、四号字。

（3）在表格中输入相应文字，设置为：宋体、小四号字、垂直水平居中，对整个表格居中。

（4）为表格设置边框，外边框 2.25 磅，内边框 1.0 磅，并为"费用项目"区域设置双线，为单元格设置底纹"矢车菊蓝，着色 5，浅色 60％"，效果如图 12-1 所示。

出院结算单

结算时间：　　年　　月　　日

姓名		性别		住院号			病区		
医保卡号			住院时间：自　年　月　日至　年　月　日						
费用项目	金额	费用项目	金额	费用项目	金额	费用项目	金额	费用项目	金额
西药费		放射费		输血费		会诊费		卫材费	
中成药		B超费		输氧费		接生费		其他	
中草药		治疗费		床位费		抢救费		取暖费	
诊查费		手术费		护理费		透析费			
化验费		输液费		检查费		监护费		合计	
合　计　人　民　币（大　写）　　　万　　仟　　佰　　拾　　元　　角　　分									
可报费用		起付线	1000	补偿金额			不可报费用		

经办人：　　　　　　　审核人：　　　　　　　领款人：

图 12-1　出院结算单效果图

质量检查	成绩：

指导教师检查任务完成情况，并对学生提出问题，根据学生实际情况给出建议。

综合评价及建议	

学生自我评价及反馈	成绩：

根据自己在课堂中实际表现进行自我反思和自我评价。

自我反思和评价：＿＿＿＿＿＿＿＿＿＿＿＿＿＿＿＿

任务评价表

评价项目	评价标准	配分	得分
页面设置	正确设置了纸张大小、方向。	20	
表格插入和编辑	创建表格并对表格进行合并拆分单元格、行高列宽等设置。	20	
美化表格	正确为表格设置了边框和底纹。	20	
文字输入	正确录入表格内外的文字。	20	
文字格式化	对表格内外的文字进行字体、字号、对齐方式等设置。	20	
评价反馈			
任务完成度	□优秀 □良好 □基本完成 □有待提高	总得分	

任务单 13　修饰医院宣传手册

学院名称		专业		姓名	
指导教师		日期		成绩	

任务情景	小明是一名医院宣传部门的新员工,负责修饰和完善医院宣传手册。他需要在现有的文档中插入分页符和分节符,设置页眉页脚,添加脚注,并制作目录,使宣传手册内容更加规范和易读。
任务目标	(1)插入分页符和分节符,设置页眉页脚。 (2)添加脚注,补充说明重要内容。 (3)制作并格式化医院宣传手册的目录。

任务准备	成绩:

(1)安装 WPS Office 软件,确保电脑上已安装 WPS Office 软件,并了解其基本使用方法。
(2)准备素材,准备好医院宣传手册的文本内容,确保内容完整。
(3)设置工作环境,确保有一个安静、不被打扰的工作环境,预留充足的时间进行任务执行。
重点和难点:分页和分节、页眉页脚、目录制作

制订计划(对应课前内容)	成绩:

根据作业任务目标,完成作业计划描述。

作业项目	完成情况
(1)插入分节符:将文档分成两节,为文档设置不同的页眉页脚做准备工作。	
(2)设置页眉/页脚:为文档设置页眉/页脚到页边距的距离、页眉横线、按节录入页眉。	
(3)设置页码:在页脚插入页码并设置页码格式。	
(4)添加脚注:为"医院简介"中的文字添加脚注,并设置字体格式。	
(5)插入目录:在首页下方插入自定义目录,并设置目录格式。	

计划审核	审核情况: 　　　　　　　　　　　　　　　　　　　年　月　日

计划实施(根据每个任务制定)	成绩:

🔊 任务一:修饰医院宣传手册

(1)打开"医院宣传手册素材"文档,在"医院文化"前插入分页符,准备制作目录,再插入下一页分节符,将封面页和目录页作为第一节,其余页作为第二节。

(2)进行页眉/页脚设置,设置页眉上边距 0.5 厘米,页脚下边距 0.5 厘米,删除页眉横线。将插入点放在第二节"医院文化"的页眉位置,单击"同前节"断开与第一节页眉的连接,在"医院文化"页眉位置输入页眉内容:"夕阳红康复医院",右对齐,华文行楷小五号字。

(3)在"医院文化"页脚位置插入页码,单击"页眉页脚"选项卡标签下的页码/页码,调出页码对话框,页码样式:1,2,3……,位置:底端居中,页码编号:起始页码1,应用范围:本节。

(4)为"医院简介"中的"彩色多普勒经颅检查仪"添加脚注:"经颅多普勒是无创伤检测颅内、外血管病变的新技术,利用低频脉冲式超声波,穿透颅骨较薄的部位及自然骨孔,直接获得脑底大血管的血流。"设置字体格式华方行楷,五号字,金色,背景 2,深色 90%。

🔊 任务二:制作医院宣传手册目录

在首页下方的空白面插入自定义目录,由于在项目二中已经为医院宣传手册中的文档标题设置大纲级别,因此可以生成自定义目录。

(1)单击引用选项卡标签下"目录/自定义目录"调出目录对话框,显示级别为2,其余用默认设置。

(2)在目录上方插入空白段落,录入"目录",利用格式刷复制"医院简介"字体格式,设置二号字,目录内容设置华文行楷,三号字,艺术字预设样式:填充—黑色,文本 1,阴影,字符间距:加宽 0.04 厘米,段落:行距 40 磅。最终效果如图 13-1 所示。

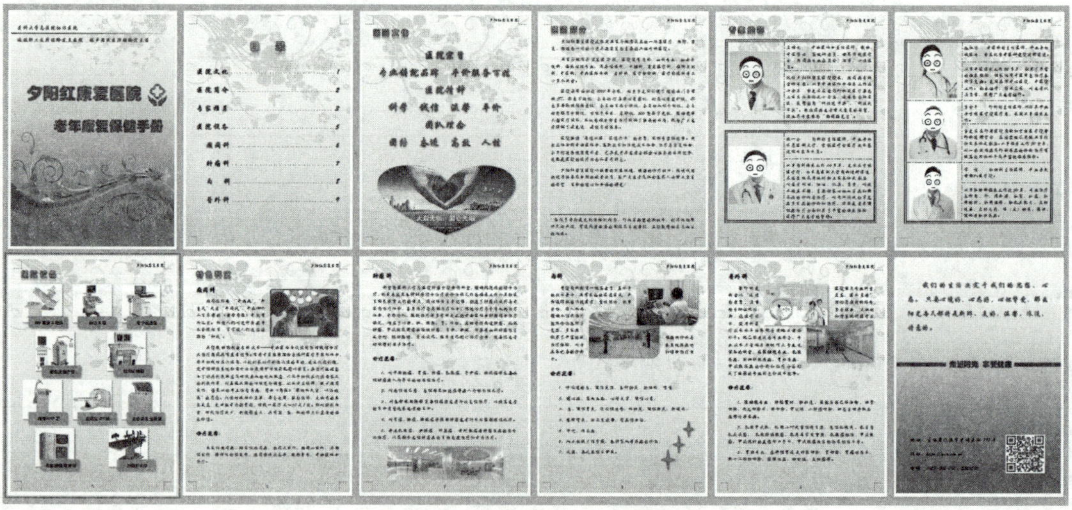

图 13-1 医院宣传手册效果图

质量检查	成绩:
指导教师检查任务完成情况,并对学生提出问题,根据学生实际情况给出建议。	
综合评价 及建议	

学生自我评价及反馈	成绩:
根据自己在课堂中实际表现进行自我反思和自我评价。 自我反思和评价:_____	

任务评价表

评价项目	评价标准	配分	得分
插入分节符	在"医院文化"前正确插入了分页符和分节符。	15	
页眉页脚设置	正确设置了页眉页脚的边距、删除横线并添加了页眉内容。	20	
插入页码	插入页码并设置页码样式及位置。	15	
脚注添加	为指定文本正确添加了脚注,并设置了字体格式。	20	
目录插入	在首页下方正确插入了自定义目录,调整目录的字体格式和段落设置。	30	
评价反馈			
任务完成度	□优秀 □良好 □基本完成 □有待提高	总得分	

任务单 14 制作门诊收费系统操作手册(选做)

学院名称		专业		姓名	
指导教师		日期		成绩	

任务情景	小明是一名新入职的医院软件维护员,负责制作一份详细的门诊收费系统操作手册。他需要按照要求对文档进行格式设置、添加目录、设置页眉页脚,并进行多级编号和引用操作,以确保手册内容清晰、易读、专业。
任务目标	(1)设置门诊收费系统操作手册的封面、页眉页脚和目录。 (2)添加并格式化多级编号和引用。 (3)确保操作手册内容完整、布局清晰。

任务准备	成绩:

(1)安装 WPS Office 软件,确保电脑上已安装 WPS Office 软件,并了解其基本使用方法。
(2)准备好门诊收费系统操作手册的文本内容,确保内容完整。
(3)确保有一个安静、不被打扰的工作环境,预留充足的时间进行任务执行。
重点和难点:分页分节、页眉页脚、目录制作

制订计划(对应课前内容)	成绩:

根据作业任务目标,完成作业计划描述。

作业项目	完成情况
(1)插入封面及目录:插入预设封面,并对封面内容进行编辑,利用标题/大纲识别插入自动目录。	
(2)设置页眉/页脚:为文档设置页眉/页脚到页边距的距离、页眉横线、按节录入页眉、插入页码。	
(3)标题样式及自定义多级编号:为各级标题应用相应的标题样式,对相应的标题样式设置自定义多级编号。	
(4)添加题注及交叉引用:对第一个图片添加题注,对相应内容添加并设置交叉引用。	
(5)章节导航:学会使用章节导航进行文档定位及编辑。	

计划审核	审核情况: 　　　　　　　　　　　　　　　　　年　月　日

计划实施(根据每个任务制定)	成绩:

打开"门诊收费系统操作手册",进行如下操作。

(1)单击"插入/封面"为其插入预设封面第一排第二个。日期:2024;文档标题:门诊收费系统;文档副标题:操作手册;摘要下方录入:门诊收费系统使用说明;ID名称:软件开发公司;日期及邮编地址:2024/7/1。效果如图14-1所示。

图14-1　门诊收费系统操作手册封面效果图

(2)在第二页首行"1安装"前插入下一页分节符,预留一个空白页录入目录,在第三页正文部分进入页眉编辑状态,单击同前节,设置页眉页脚选项:奇偶页不同。在奇数页页眉左侧输入文字"门诊收费系统下载:http://soft.yyfy.com",字体采用默认设置,在偶数页页眉右侧输入文字"门诊收费系统操作手册",页眉横线均为单细线。效果如图14-2、图14-3所示。

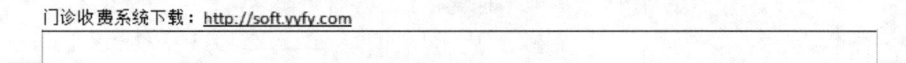

图14-2　奇数页页眉

图14-3　偶数页页眉

(3)从第三页开始插入页码,页码样式:第1页,起始页码为1,在本页及之后插入页码。

(4)为"1 安装""2 用户登录""3 基本数据初始化""4 门诊收费"应用标题1样式,为"1.1 安装流程……4.3 门诊退费"应用标题2样式,为"4.1.1……4.2.2"应用标题3样式。

(5)利用查找和替换功能删除标题1、2、3中的数字,即手动编号。单击查找内容,选择"特殊格式"中的任意数字,单击"格式"按钮下的样式:标题1,单击"全部替换",共完成四处替换,如图14-4所示,用同样的方法删除标题2共12处,标题3共6处手动标题编号。

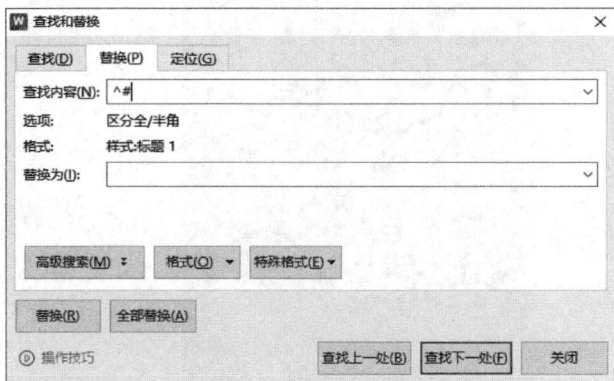

图14-4　查找和替换

(6)为标题1、2、3添加多级编号,即自动编号。将一级标题前显示为【第一章】,二级标题前显示1.1,三级标题前显示1.1.1。单击开始选项卡下的"编号/自定义编号"调出项目符号和编号对话框,单击"多级编号"中的最后一个预设样式,进行自定义,在自定义多级编号列表对话框中将二级和三级编号格式后面的"."删除,确定即可,自定义多级编号列表对话框如图14-5~图14-7所示。

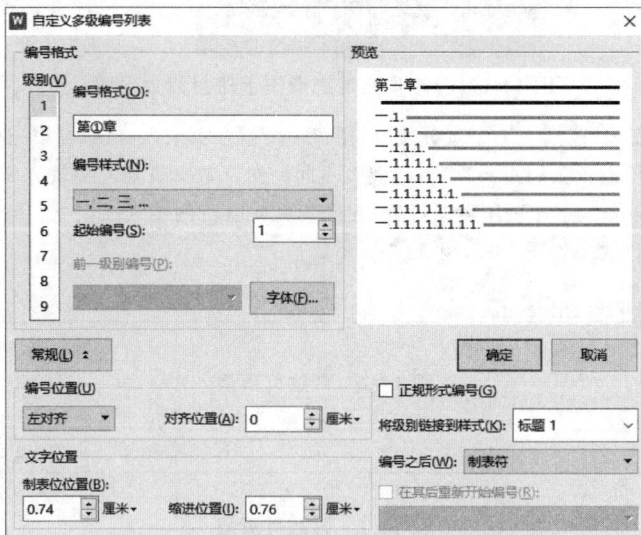

图14-5　自定义多级编号列表对话框1

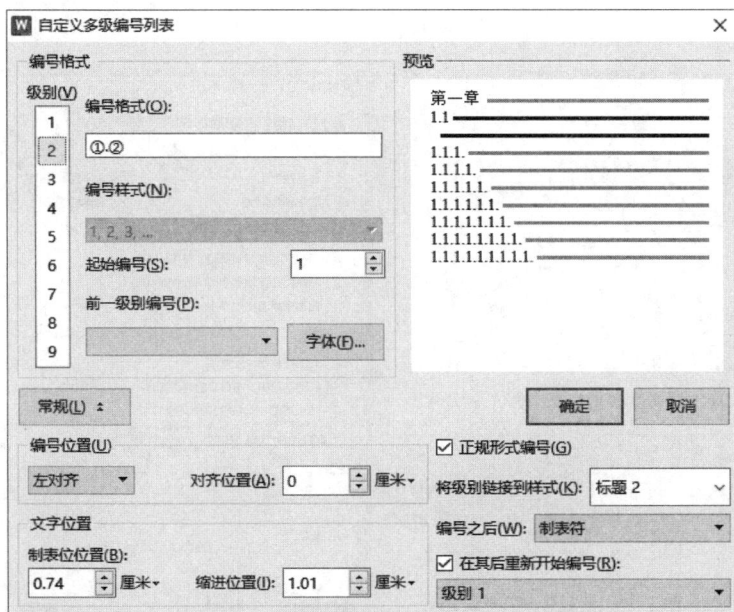

图 14-6　自定义多级编号列表对话框 2

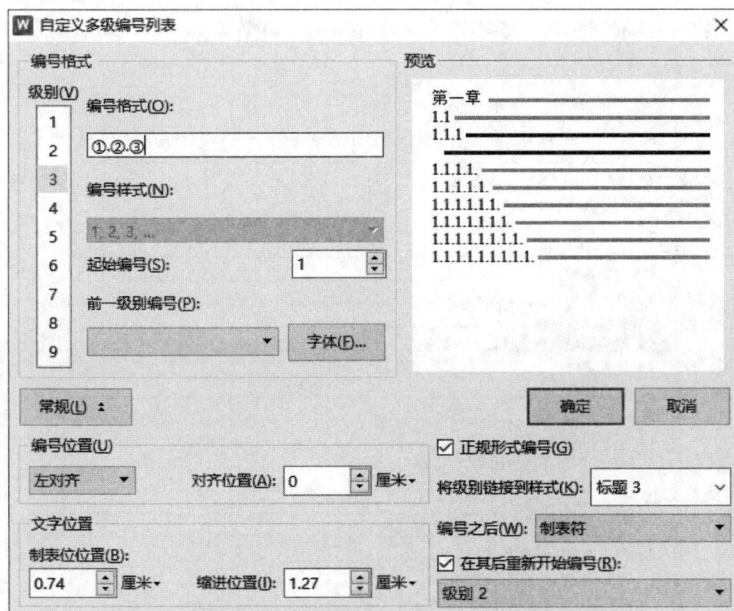

图 14-7　自定义多级编号列表对话框 3

（7）各章均另起一页，即每章的标题放在首行。修改标题 1 样式中的段落，进行段前分页，如图 14-8 所示。

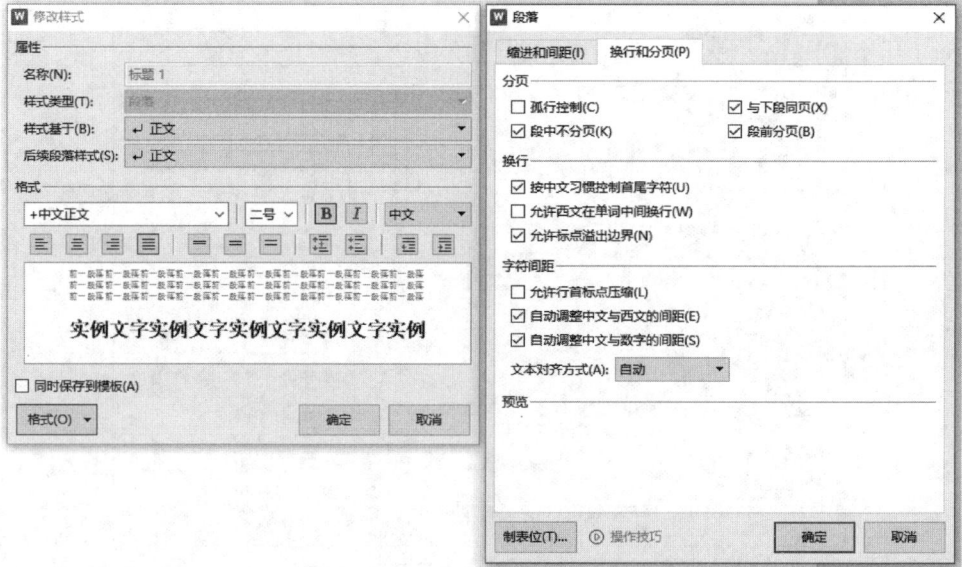

图 14-8　修改样式

（8）在封面页下方（第二页）依据标题/大纲识别插入自动目录。效果如图 14-9 所示。

目录

图 14-9　目录效果图

(9)单击"页面"选项卡标签下的"章节导航"选择目录,如图 14-10 所示,通过章节导航将第四章中的
4.1 和 4.2 内容进行对调,更新整个目录。

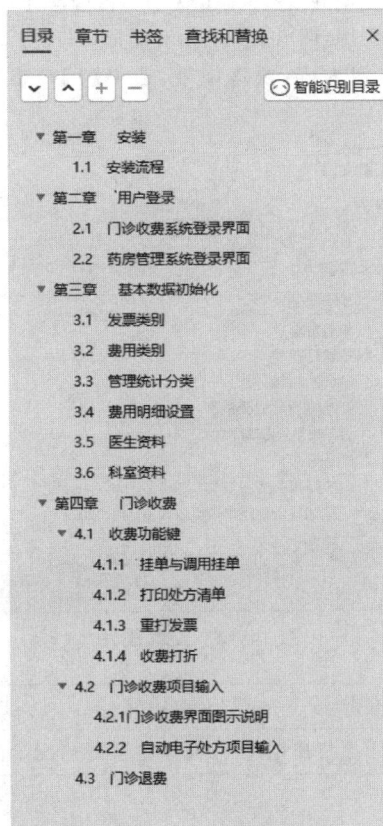

图 14-10 章节导航

(10)对第一个图片添加题注,标签为"图",内容为安装向导,题注在图片下方,包括章节编号。如图
14-11 所示。

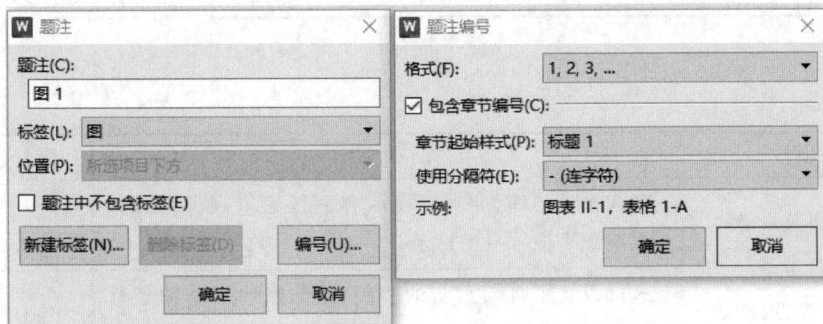

图 14-11 设置题注

(11)将参考文献中两个手动编号(【1】和【2】)修改为自动编号,格式不变,保留【】号,删除手动编号后使用自定义编号进行自定义。

(12)对【第二章】下方正文"用户双击'门诊收费管理系统'应用图标,弹出系统登录界面。"整段结尾处,使用交叉应用,引用到底部参考文献中的参考文献【1】,并将【1】设置为"上标"格式。将插入点放至整段结尾处,单击引用选项卡下的交叉引用,调出交叉引用对话框,引用类型:编号项,选择"【1】王春.智慧医院信息系统.方软软件,2021",引用内容:段落编号,选中【1】单击开始选项卡下的"上标"。如图14-12所示。

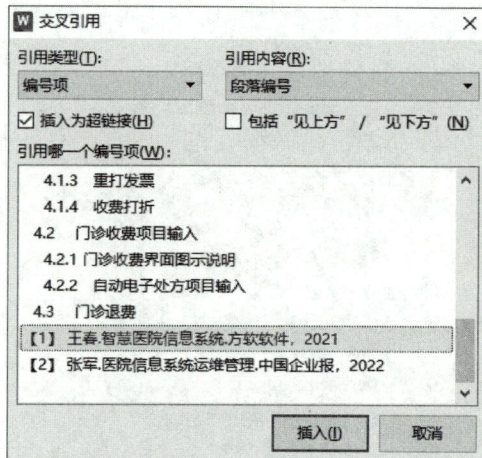

图 14-12　交叉引用

质量检查		成绩:
指导教师检查任务完成情况,并对学生提出问题,根据学生实际情况给出建议。		
综合评价及建议		
学生自我评价及反馈		成绩:
根据自己在课堂中实际表现进行自我反思和自我评价。 自我反思和评价:_____		

任务评价表

评价项目	评价标准	配分	得分
插入封面及目录	插入预设封面,并对封面内容进行编辑,利用标题/大纲识别插入自动目录。	20	
页眉页脚设置	正确设置了页眉页脚的边距、删除横线并添加了页眉内容和页码。	20	
标题样式及自定义多级编号	为各级标题应用相应的标题样式,对相应的标题样式设置自定义多级编号。	25	

评价项目	评价标准	配分	得分
添加题注及交叉引用	对第一个图片添加题注,对相应内容添加并设置交叉引用。	25	
章节导航	学会使用章节导航进行文档定位及编辑。	10	
评价反馈			
任务完成度	□优秀 □良好 □基本完成 □有待提高	总得分	

任务单 15　输出医院宣传手册

学院名称		专业		姓名	
指导教师		日期		成绩	
任务情景	小明是一名医院行政部门的新员工,负责医院宣传手册的打印和员工考核成绩表的制作。他需要完成文档水印、超链接添加、批注插入、编辑保护、打开密码、打印输出以及 PDF 保存等操作,确保内容清晰、格式规范。				
任务目标	(1)完成医院宣传手册的水印、批注、超链接、文档保护。 (2)完成医院宣传手册的打印准备和 PDF 保存。				

任务准备	成绩:

(1)安装 WPS Office 软件,确保电脑上已安装 WPS Office 软件,并了解其基本使用方法。
(2)准备好医院宣传手册的文本内容。
(3)确保有一个安静、不被打扰的工作环境,预留充足的时间进行任务执行。
重点和难点:文档保护,文档打印

制订计划(对应课前内容)	成绩:

根据作业任务目标,完成作业计划描述。

作业项目	完成情况
(1)水印:插入文字水印并对水印进行设置。	
(2)批注:对图片添加批注。	
(3)超链接:对文本插入超链接。	
(4)保护文档:对文档进行密码加密限制编辑并启动保护。	
(5)打印输出:设置打印参数及选项将文档保存为 PDF 文件。	
计划审核	审核情况: 　　　　　　　　　　　　　　年　　月　　日

计划实施(根据每个任务制定)	成绩：

任务一:保护医院宣传手册

(1)打开"医院宣传手册素材"文档,单击页面选项卡,插入文字水印,水印内容为"康复医院"、字体为"楷体"、版式为"倾斜"、透明度 60％,其余参数取默认值。如图 15-1 所示。

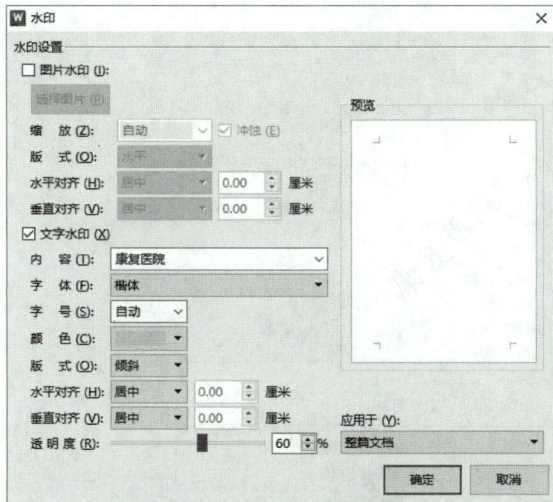

输出医院宣传手册

图 15-1 水印设置

(2)对封面文字"夕阳红康复医院"右侧的图片插入批注(审阅选项卡),内容为"待确认 LOGO"。

(3)对封底中的文本"网址:https://lyvtc.edu.cn/"添加超链接"https://lyvtc.edu.cn/"。(超链接位于"插入"选项卡)如图 15-2 所示。

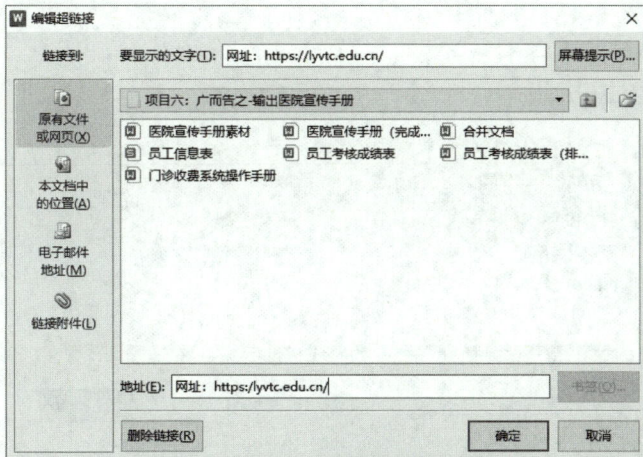

图 15-2 编辑超链接

(4)对"医院宣传手册素材"文档设置"限制编辑",启动保护,不设置密码。

单击"审阅"选项卡下的限制编辑,单击"设置文档的保护方式"复选框,选择启动保护,只读,在启动保护对话框中单击确定按钮,如图 15-3 所示。

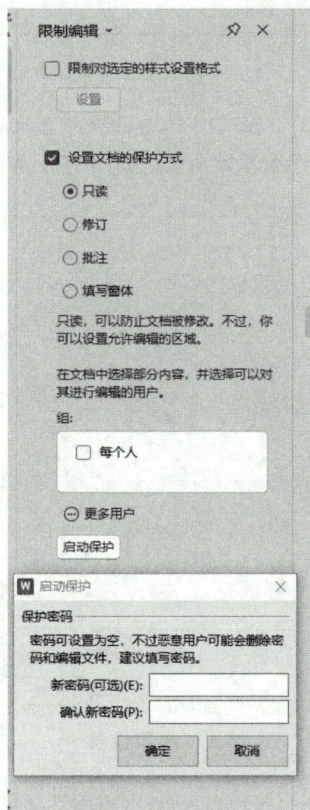

图 15-3 限制编辑

(5)单击"文件"下的"文档加密"/"密码加密",对文档进行密码加密,设置文档打开密码为:123,如图15-4所示。

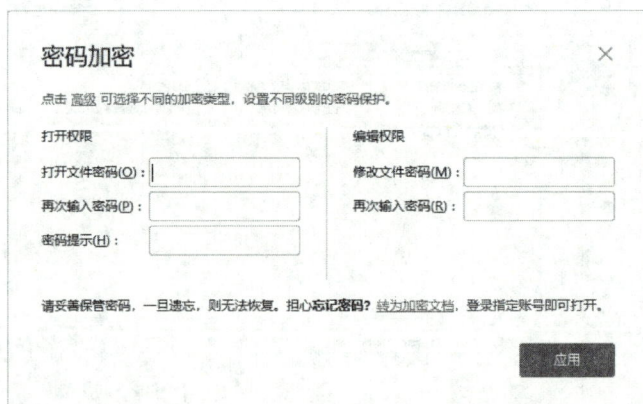

图 15-4 密码加密

🌐 **任务二:输出医院宣传手册**

(1)单击文件菜单下的选项,设置"打印/打印文档的附加信息/打印背景色和图像",不打印"批注和修订的审阅者",如图 15-5 所示。

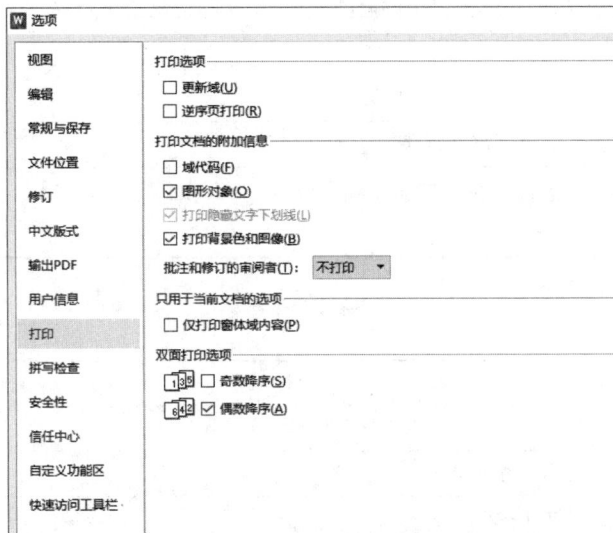

图 15-5　选项设置

(2)单击文件菜单下的打印按钮,设置打印参数,进行双面打印,如图 15-6 所示。

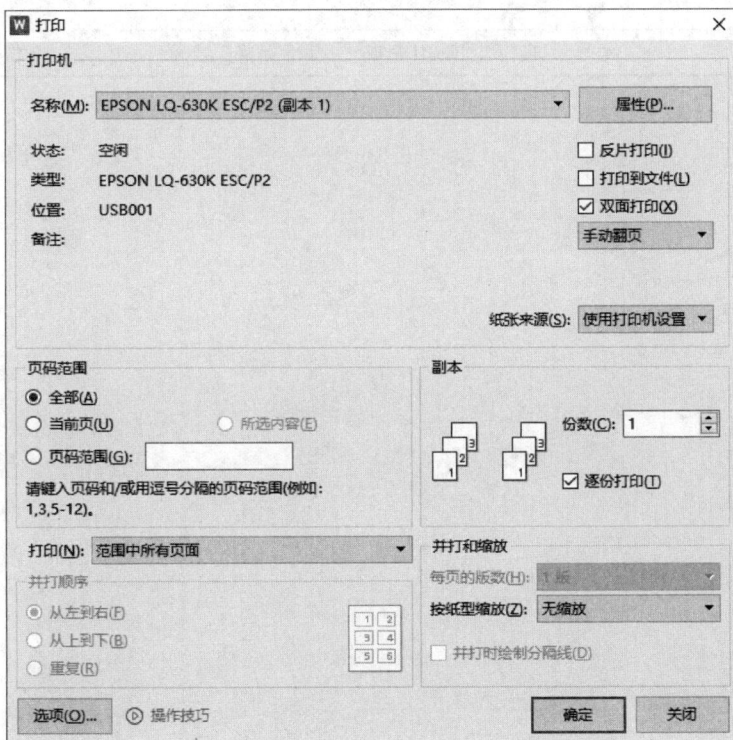

图 15-6　打印设置

(3)将制作完成的医院宣传手册保存为 PDF 文件。

质量检查		成绩：
指导教师检查任务完成情况，并对学生提出问题，根据学生实际情况给出建议。		
综合评价 及建议		
学生自我评价及反馈		成绩：
根据自己在课堂中实际表现进行自我反思和自我评价。 自我反思和评价：＿＿＿＿＿＿＿＿＿＿		

任务评价表

评价项目	评价标准	配分	得分
插入水印	插入文字水印并对水印进行设置。	20	
插入批注	对图片添加批注。	15	
超链接	对文本插入超链接。	15	
保护文档	对文档进行密码加密限制编辑并启动保护。	25	
打印输出	设置打印参数及选项将文档保存为 PDF 文件。	25	
评价反馈			
任务完成度	□优秀 □良好 □基本完成 □有待提高	总得分	

任务单 16   制作员工考核成绩表(选做)

学院名称		专业		姓名	
指导教师		日期		成绩	

任务情景	在公司年度员工考核即将结束之际,人事部需要制作一份详细的"员工绩效考核成绩报告2024年度"。该报告将包含员工的基本信息、业绩考核、能力考核、态度考核以及综合成绩。通过利用 WPS 中的邮件合并功能,人事部可以快速生成所有员工的考核成绩表,确保信息准确并节省时间。此次任务旨在帮助人事部人员掌握 WPS 的邮件合并功能及表格格式设置,提高工作效率。
任务目标	(1)学习并应用 WPS 的邮件合并功能。 (2)掌握表格格式设置与排版技巧。 (3)生成并保存合并后的考核成绩表文档。

任务准备	成绩:

(1)确保 WPS Office 已安装并登录。
(2)准备好员工信息表数据源。
(3)了解邮件合并的基本操作流程。
重点和难点:邮件合并,表格格式,字段编辑

制订计划(对应课前内容)	成绩:

根据作业任务目标,完成作业计划描述。

作业项目	完成情况
(1)设置纸张方向和表格标题,插入并填写表格。	
(2)调整表格和文字格式,设置段落文本。	
(3)设置表格宽度和行高,合并单元格并设置底纹。	
(4)利用邮件合并功能生成 50 名员工的考核成绩表。	
(5)保存并输出合并后的文档为"合并文档.docx"。	

计划审核	审核情况: 年　月　日

计划实施（根据每个任务制定）	成绩：

新建一个名为"员工考核成绩表"的文档，在新文档中做如下操作。

(1)设置纸张方向横向；录入表格标题"员工绩效考核成绩报告 2024 年度"；在标题下方插入一个 6 行 4 列的表格，在单元格中录入图 16-1 所示文字。

员工绩效考核成绩报告 2024 年度

员工姓名		出生日期	
员工编号		员工性别	
业绩考核		综合成绩	
能力考核			
态度考核			

图 16-1　员工考核成绩表文字内容

(2)将文字"员工绩效考核成绩报告 2024 年度"字体修改为微软雅黑，三号字，文字颜色修个为"红色"，并应用加粗效果；在文字"员工绩效考核"后插入一个竖线符号；对文字"成绩报告 2024 年度"应用双行合一的中文版式（"开始"选项卡下的段落分组）如图 16-2，"2024 年度"显示在第 2 行；设置段落文本之前 8 个字符，如图 16-3 所示。

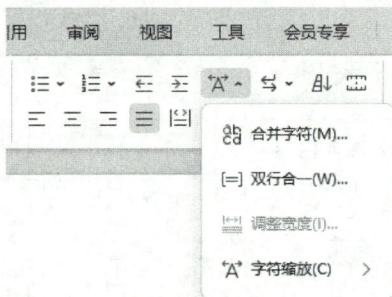

图 16-2　双行合一

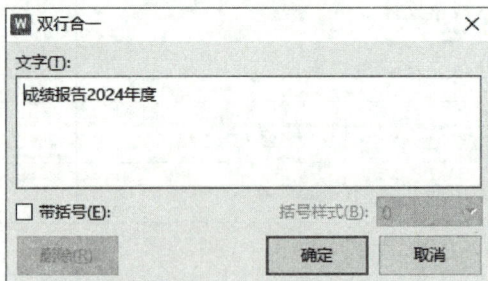

图 16-3　双行合一对话框

制作员工考核
成绩单

(3)设置表格宽度为页面宽度的70%,表格行高1.4厘米,第3行行高0.8厘米,并对表格设置居中,表格中的文字也设置水平垂直方向剧中;合并第3行的单元格,设置其垂直框线为无;按照图例合并单元格;将表格中包含文字的单元格底纹设置为"钢蓝,着色1,浅色80%",最终结果如图16-4所示。

图 16-4　员工考核成绩表排版后效果图

(4)利用邮件合并生成50名员工的考核成绩表,在文档中单击引用选项卡下的"邮件合并",打开数据源"员工信息表"中的 Sheet 1 工作表,并在"员工姓名""员工编号""员工性别""出生日期""业绩考核""能力考核""态度考核"和"综合成绩"右侧的单元格中插入对应的合并域,如图16-5所示:

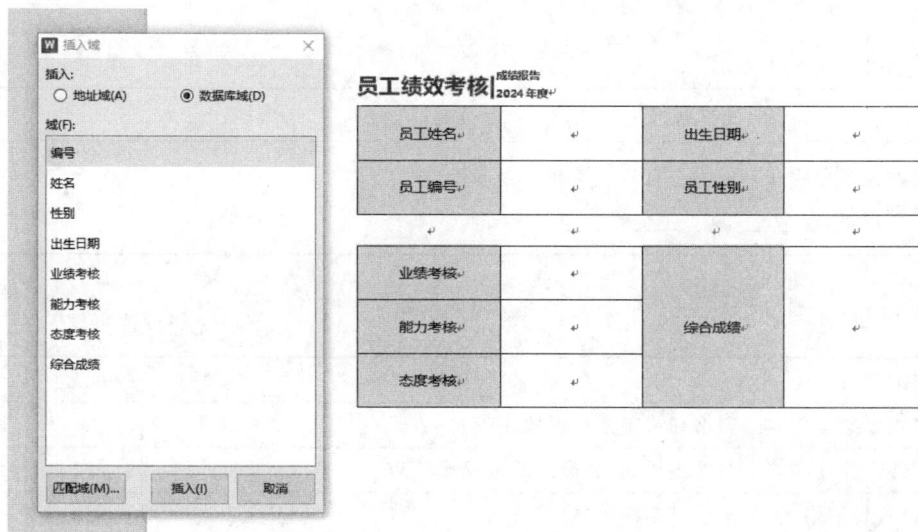

图 16-5　插入域

其中:出生日期的显示格式为 ××××年××月××日;"综合成绩"保留2位小数。
在插入的合并域"出生日期"上单击右键"编辑域",在弹出的域对话框中录入"\@YYYY 年 MM 月 DD日"如图16-6。在插入的合并域"综合成绩"上单击右键"编辑域",在弹出的域对话框中录入"\＃0.00"。

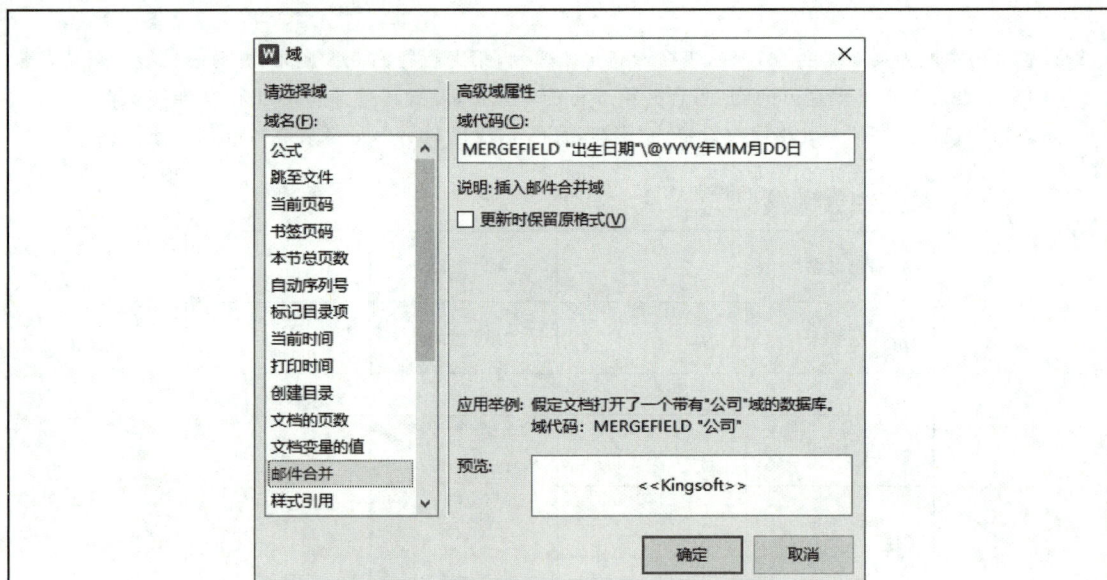

图 16-6　设置域

编辑单个文档,完成邮件合并,将合并的结果文件另存为"合并文档.docx"。

质量检查	成绩:
指导教师检查任务完成情况,并对学生提出问题,根据学生实际情况给出建议。	

综合评价 及建议	

学生自我评价及反馈	成绩:
根据自己在课堂中实际表现进行自我反思和自我评价。 自我反思和评价:_____	

任务评价表

评价项目	评价标准	配分	得分
格式设置	表格和文字格式设置正确。	20	
邮件合并	成功生成 50 名员工的考核成绩表。	20	
编辑域设置日期格式	出生日期格式显示正确。	20	
编辑域设置数值格式	综合成绩保留两位小数。	20	
文件保存	成功保存为"合并文档.docx"。	20	
评价反馈			
任务完成度	□优秀 □良好 □基本完成 □有待提高	总得分	

任务单 17　创建员工基本情况表

学院名称		专业		姓名	
指导教师		日期		成绩	

任务情景	小明是一名新入职的人事部门员工,负责创建和管理员工信息表和员工工资表。他需要在 WPS 表格中录入员工的基本信息和工资数据,设置数据格式和单元格格式,以确保信息准确、表格美观。
任务目标	(1)创建并保存员工基本信息表和员工工资表。 (2)录入员工基本信息和工资数据,设置格式。

任务准备	成绩:

(1)安装 WPS Office 软件,确保电脑上已安装 WPS Office 软件,并了解其基本使用方法。
(2)准备好员工基本信息和工资数据。
(3)确保有一个安静、不被打扰的工作环境,预留充足的时间进行任务执行。
重点和难点:表格格式,数据录入,下拉列表

制订计划(对应课前内容)	成绩:

根据作业任务目标,完成作业计划描述。

作业项目	完成情况
(1)启动 WPS 表格,创建并保存"员工基本情况表"文档。	
(2)录入员工基本信息数据,使用填充句柄和快捷键输入相同数据。	
(3)设置下拉列表和合并单元格,调整数据类型。	
(4)创建"员工工资表"工作表,删除不需要的列,录入工资数据。	
(5)设置员工工资表数据格式,进行合并居中操作。	

计划审核	审核情况: 　　　　　　　　　　　　　　　　　　年　　月　　日

计划实施(根据每个任务制定)	成绩：

任务一：创建员工信息表

1.新建并保存表格

(1)启动 WPS 表格，单击"文件"左侧上方的"新建"按钮，然后选择"新建空白表格"。WPS 会自动创建一个空白表格，其默认名为"工作簿 1"。如图 17-1 所示。

创建员工信息表

图 17-1　新建表格

(2)第一次保存文档时，会打开"另存文件"对话框，在对话框的左侧选择文档的保存位置，在"文件名"编辑框中输入文档的名称"员工基本情况表"。如图 17-2 所示。

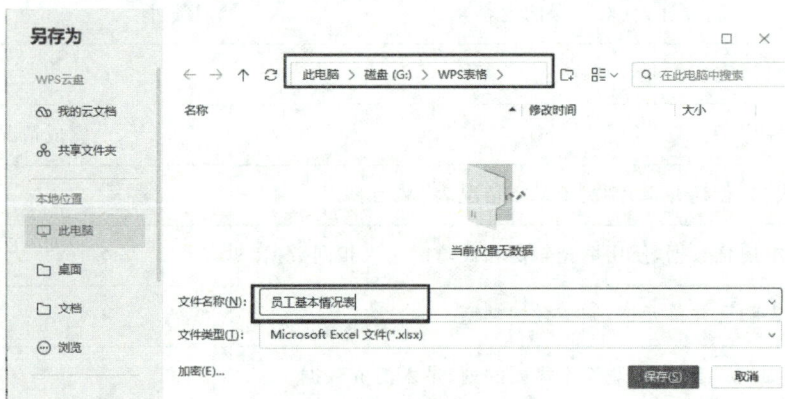

图 17-2　保存表格

2.输入数据

(1)打开"员工基本情况表"表格，录入以下内容。

A1：员工基本情况表；A2：工号；B2：姓名；C2：性别；D2：身份证号；E2：出生日期；F2：民族；G2：入职日期；H2：工龄；I2：部门；J2：职称。再录入姓名、身份证号、入职日期列，具体内容图 17-3 所示。（提示：鼠标滑动到列号字母之间时显示➕，双击可以扩大列宽至合适的宽度）

	A	B	C	D	E	F	G	H	I	J
1	员工基本情况表									
2	工号	姓名	性别	身份证号	出生日期	民族	入职日期	工龄	部门	职称
3		李明		180224199004020012			2014/9/10			
4		王启		180224197910263641			2001/5/30			
5		吴柳		18022419820620002X			2005/9/1			
6		周丽丽		180224198812126652			2012/7/14			
7		阮大		180224199801150021			2020/2/8			
8		李节		180224199311026111			2015/6/30			
9		刘宏明		180224200112023684			2023/10/26			
10		郑准		180224197703010056			1997/11/4			
11		孔庙		180224197001248621			1991/10/6			
12		田七		180224198905030045			2011/6/16			
13		张大民		180224199411233105			2016/9/2			
14		蔡延		180224199510060029			2017/9/1			

图 17-3　录入基础信息

(2)使用填充句柄录入工号,在 A3 单元格输入"ZY001"拖动填充句柄至 A14 完成工号的录入。如图 17-4 所示。使用填充句柄录入民族,在 F3 单元格输入"汉族"双击填充句柄进行自动填充,将"吴柳"和"李节"的民族改成"满族"。

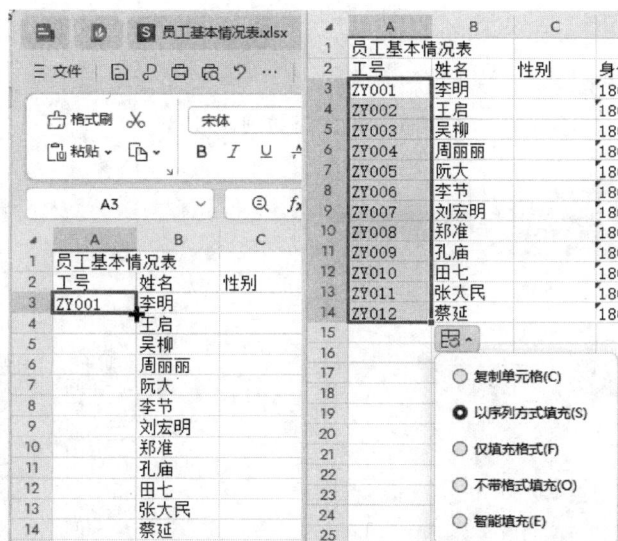

图 17-4　利用填充柄填充工号

(3)使用快捷键输入相同的数据,单击 I3 单元格,然后按住 Ctrl 键单击 I6、I7、I10、I14 输入文本"一车间",然后按"Ctrl＋Enter"组合键确认输入,如图 17-5 所示。再使用同样的方法将 I4、I5、I8、I9、I11、I12、I13 单元格输入"二车间"。

图 17-5　利用快捷键"Ctrl＋Enter"输入相同数据

(4)使用下拉列表输入数据,选择J3:J14单元格,单击"数据"选项卡下的"下拉列表"按钮,如图17-6所示。打开"插入下拉列表"对话框,使用"手动添加下拉列表选项",然后在正文的编辑框中输入"初级""中级""副高""高级"四个下拉选项,如图17-7所示。单击"确定"按钮,返回工作界面,在职称下方单元格中选择如图17-8所示,最终结果如图17-9所示。

图 17-6　单击"下拉列表"按钮

图 17-7　添加下拉选项

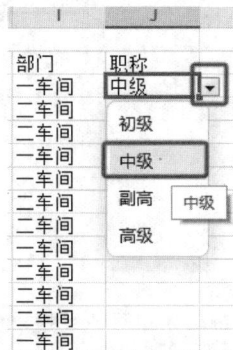

图 17-8　利用下拉列表输入职称数据

图 17-9　输入数据效果

3.合并单元格

如图 17-10 所示,选中 A1:J1 单元格,单击"开始"选项卡下的"合并"按钮,进行合并居中操作。

图 17-10 合并单元格

4.设置数据类型

如图 17-11 所示,选中 G3:G14 单元格数据,单击"开始"选项卡中的"数字"对话框,在自定义下选择类型:"yyyy/mm/dd"效果如图 17-12 所示。

图 17-11 打开数据对话框

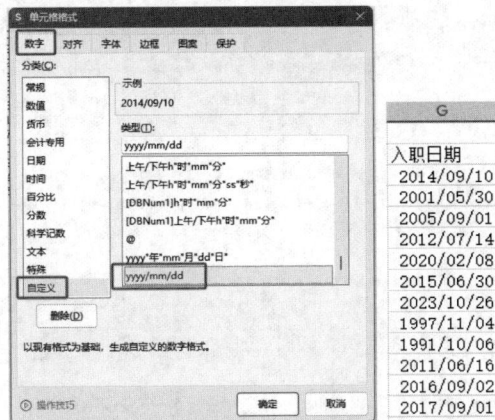

图 17-12 设置自定义"yyyy/mm/dd"格式

续表

任务二：创建员工工资表

1. 工作表操作

如 17-13 所示，将 Sheet1 工作表改名为"员工基本情况表"。右键单击"员工基本情况表"标签，单击"创建复本"，新建"员工基本情况表 2"，将其改名为"员工工资表"。

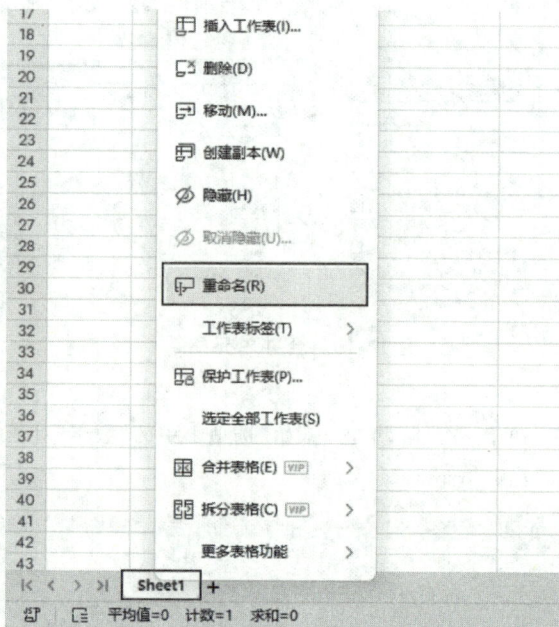

创建员工工资表

图 17-13 工作表 Sheet1 重命名为员工基本情况表

2. 输入数据

(1)修改 A1 单元格内容为：员工工资表。

(2)将 C:J 列数据删除，保留工号、姓名、两列数据。

(3)在 C2:M2 单元格中录入岗位工资、薪级工资、绩效工资、应发工资、扣社保、扣医保、扣公积金、专项附加扣除、应纳税所得额、个人所得税、实发工资。

(4)在专项附加扣除列录入图 17-14 所示数据。

图 17-14 录入员工工资表

3.合并单元格

选中 A1:M1 单元格,单击"开始"选项卡下的"合并"按钮,进行合并居中操作。

4.设置数据类型

如图 17-15 所示,选中 C3:M14 单元格数据,单击"开始"选项卡中的"数字"对话框,分类:数值,小数位数:2 位,使用千位分隔符,负数使用带负号的红色文本,具体操作如下图所示。

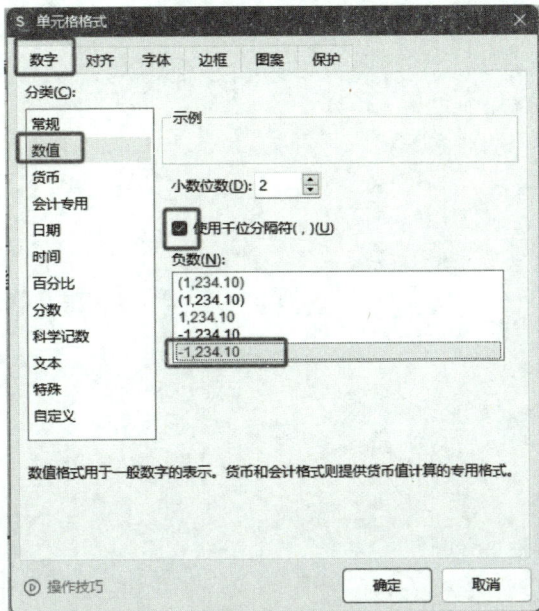

图 17-15 设置单元格区域的数字格式

质量检查	成绩:
指导教师检查任务完成情况,并对学生提出问题,根据学生实际情况给出建议。	
综合评价及建议	
学生自我评价及反馈	成绩:
根据自己在课堂中实际表现进行自我反思和自我评价。 自我反思和评价:_____	

任务评价表

评价项目	评价标准	配分	得分
创建表格	工作表新建、保存、复制、重命名。	20	
数据录入	准确录入了员工基本信息和工资数据。	20	
单元格合并	正确合并了指定单元格,并进行居中操作。	20	
数据格式	正确设置了日期格式和数值格式。	20	

评价项目	评价标准	配分	得分
下拉列表	正确设置了职称下拉列表。	20	
评价反馈			
任务完成度	□优秀 □良好 □基本完成 □有待提高	总得分	

任务单 18　创建药品销售统计表(选做)

学院名称		专业		姓名	
指导教师		日期		成绩	
任务情景		小明是一名新入职的药房统计员,负责创建药品销售统计表。他需要使用 WPS 表格录入药品销售数据,设置数据格式和单元格格式,确保数据准确、表格美观,以便于统计和分析药品销售情况。			
任务目标		(1)创建并保存药品销售统计表。 (2)录入药品销售数据,设置格式,完成统计表。			

任务准备	成绩:

(1)安装 WPS Office 软件,确保电脑上已安装 WPS Office 软件,并了解其基本使用方法。
(2)准备好药品销售数据。
(3)确保有一个安静、不被打扰的工作环境,预留充足的时间进行任务执行。
重点和难点:表格格式,数据录入,工作表基本操作

制订计划(对应课前内容)	成绩:

根据作业任务目标,完成作业计划描述。

作业项目	完成情况
(1)新建"药品销售统计表"工作簿,录入数据并设置单元格格式。	
(2)使用填充句柄输入工号和序号,设置"药品编号"单元格为文本格式。	
(3)合并指定单元格,调整单元格居中对齐。	
(4)将工作表 sheet1 重命名为"化学药品和生物制品",创建副本并重命名为"中成药"。	
(5)修改"中成药"工作表中的数据,完成数据录入。	

计划审核	审核情况: 　　　　　　　　　　　　　　　　　　　　年　月　日

计划实施(根据每个任务制定)	成绩:

(1)以"药品销售统计表"为文件名新建一个工作簿。

(2)在工作表SHEET1中录入以下内容:

A1单元格录入以下内容:2024年西药药品销售统计表

A2单元格录入以下内容:部门:心血管科　　日期:2024年3月31日

A3单元格录入以下内容:序号

B3单元格录入以下内容:药品信息

H3单元格录入以下内容:第一季度销量

K3单元格录入以下内容:合计

L3单元格录入以下内容:销售金额

B4单元格录入以下内容:药品编号

C4—J19分别录入以下内容:

药品名称	剂型	规格	单位	零售价格	一月	二月	三月
青霉素	注射剂	40万单位	瓶(支)	0.54	120	132	150
苯唑西林	注射剂	2g	瓶(支)	2.89	210	165	223
氨苄西林	注射剂	1g	瓶(支)	1.8	209	98	110
氨苄西林	注射剂	500mg(溶媒结晶粉)	瓶(支)	2.6	278	339	389
阿莫西林	胶囊	250mg＊24	盒(瓶)	7.4	189	352	92
阿莫西林	片剂	125mg＊12	盒(瓶)	2.1	67	161	53
阿莫西林	分散片	250mg＊18	盒(瓶)	6.8	46	66	89
头孢唑林	注射剂	2g	瓶(支)	5.1	378	324	284
头孢氨苄	片剂	250mg＊30	盒(瓶)	8	279	362	176
头孢氨苄	胶囊	500mg＊24	盒(瓶)	11.8	128	90	79
头孢氨苄	颗粒剂	125mg	袋	0.21	79	66	83
红霉素	肠溶片	125mg＊24	盒(瓶)	4.4	92	79	63
红霉素	肠溶胶囊	125mg＊12	盒(瓶)	2.53	32	28	41
红霉素	注射剂	250mg	瓶(支)	1.3	70	93	74
红霉素	软膏剂	100mg:10g	支	1.7	50	79	89

(3)设置单元格格式:"药品编号"录入前需将B5:B19单元区域设置为文本格式。在B5单元格录入药品编号001020101,使用填充句柄将药品编号填充至B19单元格。

(4)"序号"可使用填充句柄进行填充,在A5单元格输入1,拖动填充句柄至A19单元格。

(5)将A1:L1单元格合并居中,将A2:L2单元格合并居中,将A3:A4单元格合并居中,将B3:G3单元格合并居中,将H3:J3单元格合并居中,将K3:K4单元格合并居中,将L3:L4单元格合并居中,将A20:L20单元格合并居中。

(6)将工作簿中的工作表sheet1重新命名为:化学药品和生物制品。

(7)为工作表"化学药品和生物制品"创建副本,并重新命名为"中成药",将工作表 sheet2 与 sheet3 删除。

(8)修改工作表"中成药"中的数据,A5—J19 分别录入以下内容:

1	001030101	九味羌活丸	蜜丸	9g	丸	0.58	47	73
2	001030102	九味羌活丸	浓缩丸	3g	袋	0.27	98	35
3	001030103	九味羌活丸	浓缩丸	9g	袋	0.812	46	51
4	001030104	九味羌活丸	水丸	6g	袋	0.6	39	49
5	001030105	九味羌活颗粒	颗粒剂	9g	袋	0.81	48	36
6	001030106	感冒清热颗粒	颗粒剂	6g	袋	0.53	96	84
7	001030107	感冒清热颗粒	颗粒剂	6g(无糖)	袋	1.1	24	26
8	001030108	柴胡注射液	注射剂	2ml	支	0.39	90	64
9	001030109	银翘解毒丸	蜜丸	9g	丸	0.56	89	63
10	001030110	银翘解毒丸	水蜜丸	60g	瓶	7.3	114	79
11	001030111	银翘解毒丸	浓缩蜜丸	3g	丸	0.59	88	75
12	001030112	银翘解毒片	片剂	60片(薄膜衣)	盒(瓶)	9.57	65	36
13	001030113	防风通圣丸	水丸	6g	袋	0.65	90	64
14	001030114	防风通圣丸	浓缩丸	200 丸	瓶	7.3	74	98
15	001030115	防风通圣颗粒	颗粒剂	3g	袋	1.7	63	79

最终结果如图 18-1 所示。

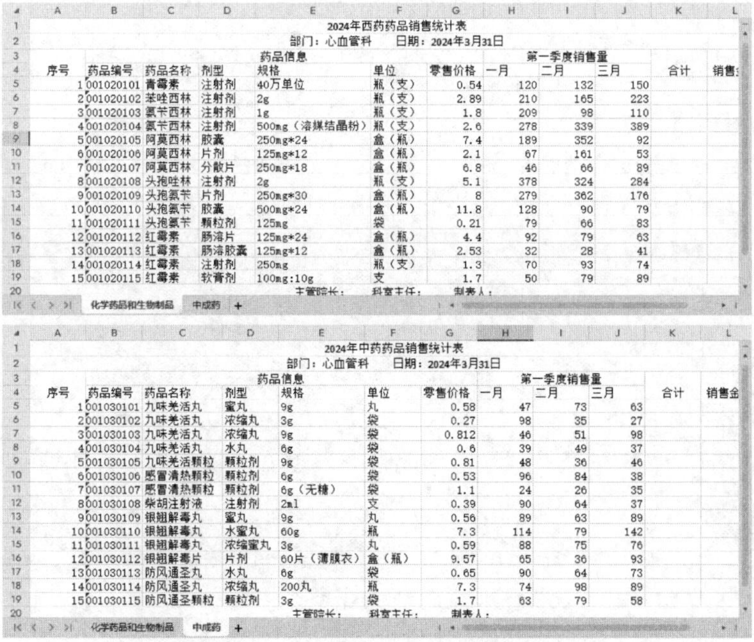

图 18-1 "药品销售统计表"效果图

质量检查		成绩：
指导教师检查任务完成情况,并对学生提出问题,根据学生实际情况给出建议。		
综合评价 及建议		
学生自我评价及反馈		成绩：
根据自己在课堂中实际表现进行自我反思和自我评价。 自我反思和评价：_____		

<h2 style="text-align:center">任务评价表</h2>

评价项目	评价标准	配分	得分
表格创建	新建并保存了"药品销售统计表"工作簿。	20	
数据录入	准确录入了药品销售数据。	20	
单元格合并	正确合并了指定单元格,并进行居中对齐。	20	
格式设置	正确设置了单元格的文本格式和数据格式。	20	
工作表管理	正确重命名和创建了工作表副本,删除了多余的工作表。	20	
评价反馈			
任务完成度	□优秀 □良好 □基本完成 □有待提高	总得分	

任务单 19　美化员工基本情况表

学院名称		专业		姓名	
指导教师		日期		成绩	
任务情景	小明是一名人事部门的新员工,负责美化和优化员工基本情况表和员工工资表。他需要在 WPS 表格中对表格进行格式设置、条件格式应用以及表头冻结和窗口拆分操作,以确保表格数据清晰、美观、易读。				
任务目标	(1)美化员工基本情况表和员工工资表。 (2)应用条件格式,冻结表头,拆分窗口。				

任务准备	成绩:

(1)安装 WPS Office 软件,确保电脑上已安装 WPS Office 软件,并了解其基本使用方法。
(2)准备好员工基本情况表和员工工资表的数据。
(3)确保有一个安静、不被打扰的工作环境,预留充足的时间进行任务执行。
重点和难点:单元格格式,条件格式,冻结表头

制订计划(对应课前内容)	成绩:

根据作业任务目标,完成作业计划描述。

作业项目	完成情况
(1)美化员工基本情况表,设置单元格格式、底纹和边框。	
(2)编辑员工基本情况表调整行高和列宽,确保表格美观。	
(3)美化员工工资情况表,设置单元格格式、底纹和边框。	
(4)应用条件格式,设置特定条件下的单元格格式。	
(5)冻结员工基本情况表表头,拆分员工工资表窗口,设置阅读模式。	

计划审核	审核情况: 年　月　日

计划实施(根据每个任务制定)	成绩:

任务一:美化员工基本情况表

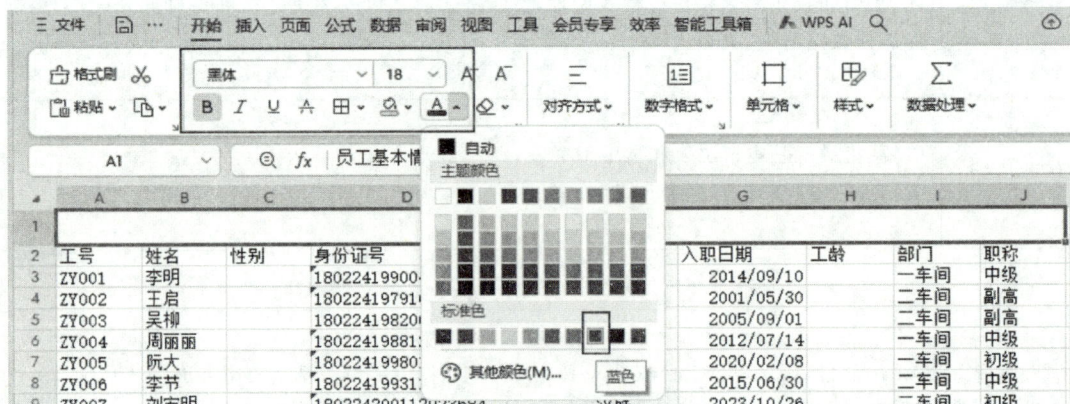

一、美化员工基本情况表

打开"员工基本情况表"工作簿,对"员工基本情况表"工作表进行如下设置。

1.设置单元格格式

(1)如图 19-1 所示,在"开始"选项卡设置表格标题为黑体、加粗、18 磅、蓝色。

图 19-1 设置表格标题的格式

(2)如图 19-2 所示,设置第 2 行字体为:黑体、12 磅、蓝色。

图 19-2 设置第二行的格式

(3)如图 19-3 所示,设置第 3 行至第 14 行字体为:"Times New Roman"、12 磅。

(4)如图 19-4 所示,选中 A2:J14 单元格区域,调出"单元格格式"对话框。设置表格"边框"为外边框样式双横线(右侧最后一个),颜色为蓝色,内边框样式单细线(右侧第五个),颜色为蓝色。

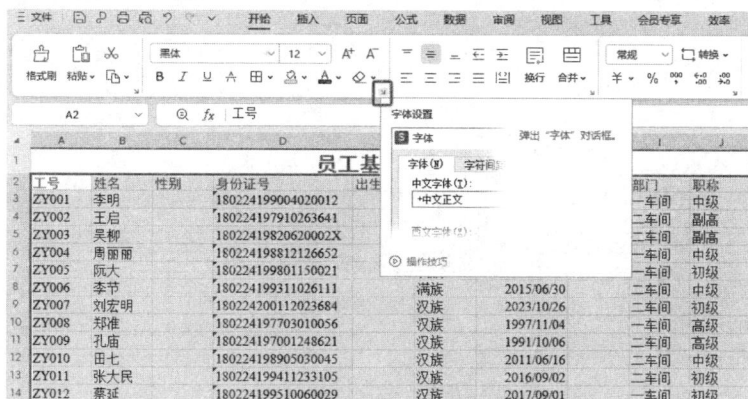

图 19-3　启动单元格格式对话框

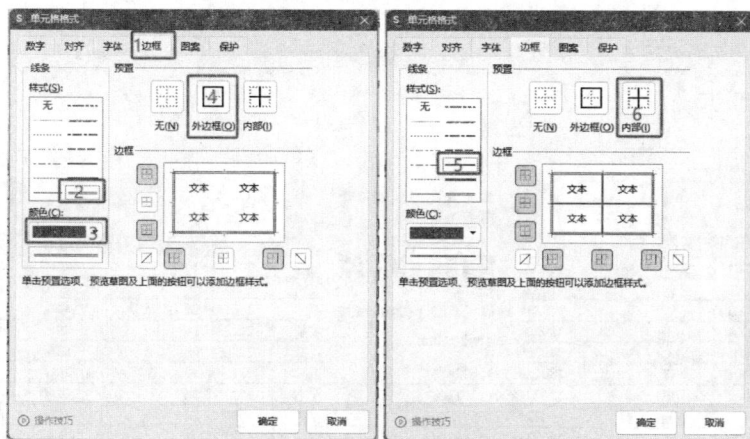

图 19-4　设置表格框线

（5）如图 19-5 所示，选中 A2:J14 单元格区域，设置文字对齐方式为水平垂直方向均居中。

图 19-5　设置表格水平居中、垂直居中

(6)如图 19-6 所示,选择 A2:J2 单元格区域,设置底纹颜色为"钢蓝,着色 1,浅色 80%"。

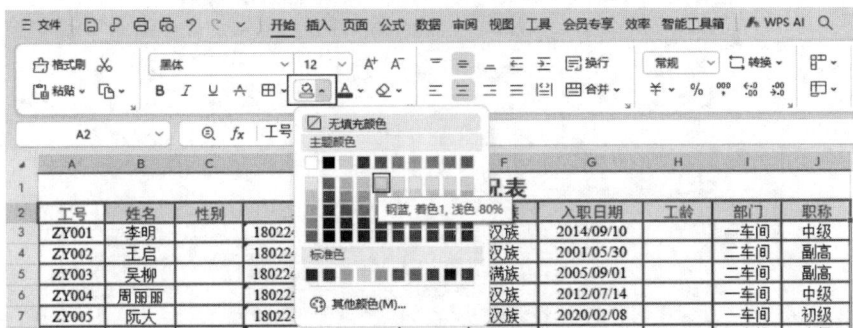

图 19-6　设置区域底纹

(7)如图 19-7 所示,使用 Ctrl 键选中 C3:C14、E3:E14、H3:H14 单元格区域,设置底纹为"白色,背景 1,深色 5%"。

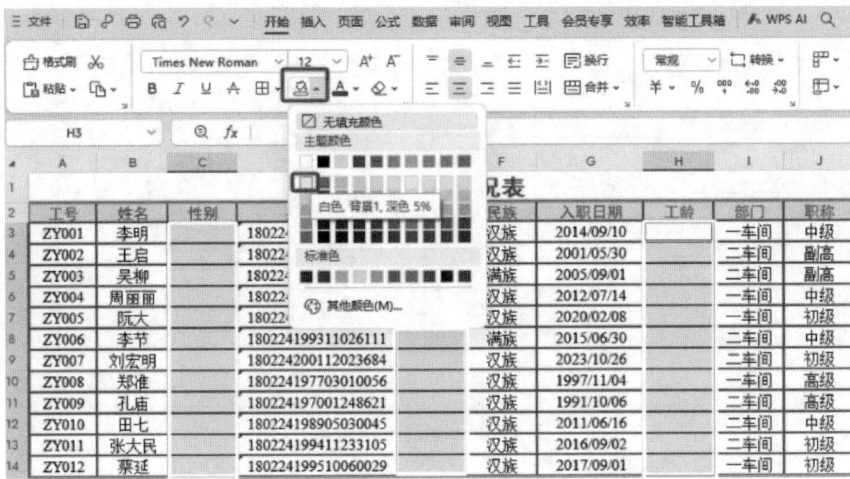

图 19-7　设置区域底纹颜色

2.调整行高和列宽

(1)如图 19-8 所示,选中第 1 行单击"开始"选项卡下的"行和列",单击行高,设置行高为 30 磅。

图 19-8　设置第一行行高为 30 磅

(2)如图 19-9 所示,右键单击第 2 行的行号,在弹出的快捷菜单中选择"行高",在弹出的"行高"对话框中设置值为 20 磅。

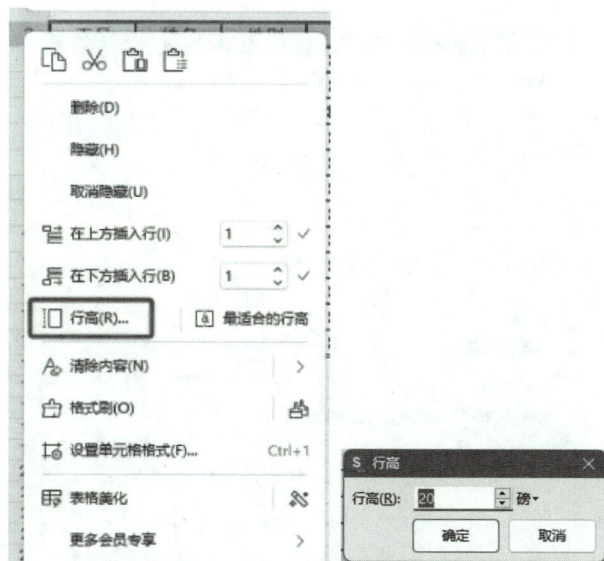

图 19-9　设置第二行行高为 20

(3)选择第 3 至第 14 行设置行高为 18 磅。

(4)选择 D 列,击"开始"选项卡下的"行和列",单击"最适合的列宽"。

(5)选择 E 列,右键单击列号,在弹出的快捷菜单中选择"列宽",在弹出的"列宽"对话框中设置值为 16 个字符。

最终效果如图 19-10 所示。

工号	姓名	性别	身份证号	出生日期	民族	入职日期	工龄	部门	职称
ZY001	李明		180224199004020012		汉族	2014/09/10		一车间	中级
ZY002	王启		180224197910263641		汉族	2001/05/30		二车间	副高
ZY003	吴柳		180224198206200002X		满族	2005/09/01		二车间	副高
ZY004	周丽丽		180224198812126652		汉族	2012/07/14		一车间	中级
ZY005	阮大		180224199801150021		汉族	2020/02/08		一车间	初级
ZY006	李节		180224199311026111		满族	2015/06/30		二车间	中级
ZY007	刘宏明		180224200112023684		汉族	2023/10/26		二车间	初级
ZY008	郑准		180224197703010056		汉族	1997/11/04		一车间	高级
ZY009	孔庙		180224197001248621		汉族	1991/10/06		二车间	高级
ZY010	田七		180224198905030045		汉族	2011/06/16		二车间	中级
ZY011	张大民		180224199411233105		汉族	2016/09/02		二车间	初级
ZY012	蔡延		180224199510060029		汉族	2017/09/01		一车间	初级

图 19-10　员工基本情况表效果图

二、美化员工工资表

切换到"员工工资表"工作表进行如下设置。

1.设置单元格格式

(1)在"开始"选项卡设置表格标题为微软雅黑、加粗、18 磅、深红色。

(2)设置第 2 行字体为:微软雅黑、12 磅、深红色。

(3)设置第 3 行至第 14 行字体为:"Times New Roman"、12 磅。

(4)选中 A2:M14 单元格区域,调出"单元格格式"对话框,设置表格"边框"为外边框样式粗实线(右侧第六个),颜色为深红色,内边框样式单细线(左侧最后一个),颜色为深红色,如图 19-11 所示。

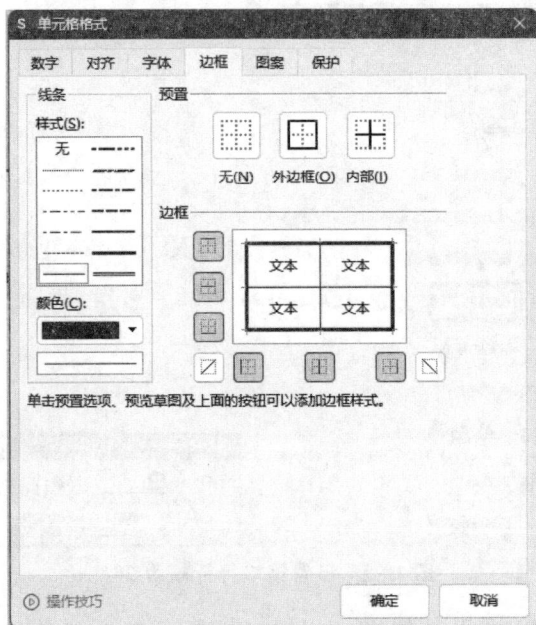

图 19-11　设置表格边框

(5)选中 A2:M14 单元格区域,设置文字对齐方式为水平垂直方向均居中。

(6)设置 A2:M2 单元格区域底纹"巧克力黄,着色 2,浅色 80%"。

(7)选中 C3:I14、K3:M14 单元格区域,设置底纹为"白色,背景 1,深色 5%"。

2. 调整行高和列宽

(1)选中第 1 行单击"开始"选项卡下的"行和列",单击行高,设置行高为 30 磅。

(2)选择第 2 至第 14 行设置行高为 18 磅。

(3)选择第 A 列至第 I 列设置列宽为 9 个字符。

(4)选择 J 列至 M 列,单击"开始"选项卡下的"行和列",单击"最适合的列宽"。

最终效果如图 19-12 所示。

工号	姓名	岗位工资	薪级工资	绩效工资	应发工资	扣社保	扣医保	扣公积金	专项附加扣除	应纳税所得额	个人所得税	实发工资
ZY001	李明								2,000.00			
ZY002	王启								3,000.00			
ZY003	吴柳								1,500.00			
ZY004	周丽丽								2,000.00			
ZY005	阮大								0.00			
ZY006	李节								1,000.00			
ZY007	刘宏明								0.00			
ZY008	郑准								1,500.00			
ZY009	孔庙								1,500.00			
ZY010	田七								2,000.00			
ZY011	张大民								1,000.00			
ZY012	蔡延								0.00			

图 19-12　员工工资表效果图

任务二：设置员工基本情况表条件格式

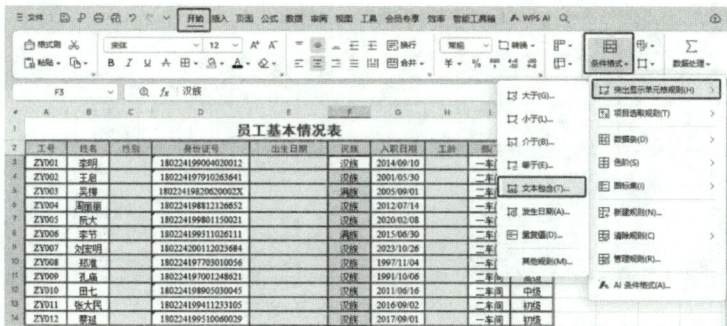

1.设置条件格式

(1)在"员工基本情况表"工作表中选择 F3:F14 单元格区域数据,单击"开始"选项卡中的"条件格式"按钮,在展开的下拉列表中选择"突出显示单元格规则"下的"文本包含"选项,如图 19-13 所示。打开"文本中包含"对话框,在"为包含以下文本的单元格设置格式"编辑框中输入"满族",设置为"自定义"格式,如图 19-14。在弹出的"单元格格式"对话框中选择字体颜色为蓝色。

设置员工基本情况表条件格式

图 19-13　打开条件格式对话框

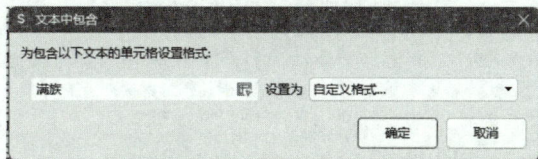

图 19-14　设置满族字体颜色为自定义(字体蓝色)

(2)切换到"员工工资表"工作表中,选择 B2:B14 单元格区域,设置条件格式下的"新建规则",在弹出的"新建格式规则"对话框中"选择规则类型":"使用公式确定要设置格式的单元格","编辑规则说明"下的编辑框输入"=J3>1500",单击"预览"后的"格式"按钮,在弹出的"单元格格式"对话框中选择字体颜色为"深红色"。具体操作如图 19-15 所示。

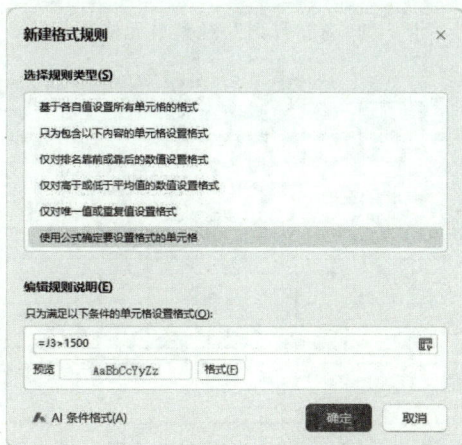

图 19-15　使用条件格式新建格式规则

该条件格式将使"专项附加扣除"超过 1500 的员工姓名变成红色,可以任意修改"专项附加扣除"金额,观察"姓名"列字体颜色的变化。

2.冻结"员工基本情况表"工作表的表头信息

如图 19-16 所示,单击行号 3 选中第三行,单击"视图"选项卡下的"冻结"下拉列表中的"冻结至第 2 行"。

图 19-16　冻结窗格至第二行

3.拆分"员工工资表"窗口

如图 19-17 所示,选择 F7 单元格,单击"视图"选项卡下的"拆分窗口"。

图 19-17　拆分窗口

4.设置高亮行列

如图 19-18 所示,单击"视图"选项卡下的"高亮行列",观察单元格变化。

图 19-18　设置高亮行列

质量检查	成绩：
指导教师检查任务完成情况，并对学生提出问题，根据学生实际情况给出建议。	
综合评价 及建议	
学生自我评价及反馈	成绩：
根据自己在课堂中实际表现进行自我反思和自我评价。 自我反思和评价：_____	

任务评价表

评价项目	评价标准	配分	得分
表格格式	正确设置了单元格格式、底纹和边框。	20	
行高列宽	调整了行高和列宽，确保表格美观。	20	
条件格式	应用了条件格式，设置了特定条件下的单元格格式。	30	
表头冻结	冻结了员工基本情况表的表头信息。	15	
窗口拆分	拆分了员工工资表的窗口，并设置了阅读模式。	15	
评价反馈			
任务完成度	□优秀 □良好 □基本完成 □有待提高	总得分	

任务单 20　美化药品销售统计表(选做)

学院名称		专业		姓名	
指导教师		日期		成绩	
任务情景		小明是一名新入职的药房统计员,负责美化和优化药品销售统计表。他需要在 WPS 表格中对表格进行格式设置、条件格式应用以及表头冻结和窗口拆分操作,以确保数据清晰、美观、易读。			
任务目标		(1)美化药品销售统计表。 (2)应用条件格式,冻结表头,拆分窗口。			

任务准备	成绩:
(1)安装 WPS Office 软件,确保电脑上已安装 WPS Office 软件,并了解其基本使用方法。 (2)准备好药品销售统计表的数据。 (3)确保有一个安静、不被打扰的工作环境,预留充足的时间进行任务执行。 重点和难点:单元格格式,条件格式,冻结表头	

制订计划(对应课前内容)	成绩:
根据作业任务目标,完成作业计划描述。	

作业项目	完成情况
(1)设置"化学药品和生物制品"工作表的字符格式化操作。	
(2)调整行高列宽,添加边框线,设置自动换行。	
(3)将"中成药"工作表进行相同的格式化操作。	
(4)应用条件格式,对第一季度销售量进行条件设置。	
(5)冻结表头,拆分窗口。	

计划审核	审核情况: 　　　　　　　　　　　　　　　　　　　　　年　　月　　日

计划实施(根据每个任务制定)	成绩：

打开“药品销售统计表.XLSX”工作簿，对“化学药品和生物制品”工作表做如下操作。

(1)对表格进行字符格式化操作。设置标题：宋体18号字，加粗；第二行内容：宋体14号字；其余内容均为宋体12号字；将表头(A3：L4)文字加粗；字体颜色为黑色。

(2)设置文字对齐方式：第二行与第二十行水平左对齐、垂直居中，其余文字均为水平、垂直居中。

(3)调整表格的行高：26，调整表格的列宽：10，并为表格添加边框线。当单元格显示不下文本内容时，进行“自动换行”设置。

(4)将工作表“中成药”也进行与“化学药品和生物制品”相同的格式化操作。

(5)设置A3：L4单元格区域底纹为“钢蓝，着色1，浅色80%”

最终效果如下图20-1所示。

2024年西药药品销售统计表

部门：心血管科　　　　日期：2024年3月31日

序号	药品信息						第一季度销售量			合计	销售金额
	药品编号	药品名称	剂型	规格	单位	零售价格	一月	二月	三月		
1	001020101	青霉素	注射剂	40万单位	瓶（支）	0.54	120	132	150		
2	001020102	苯唑西林	注射剂	2g	瓶（支）	2.9	210	165	223		
3	001020103	氨苄西林	注射剂	1g	瓶（支）	1.8	209	98	110		
4	001020104	氨苄西林	注射剂	500mg（溶媒结晶粉）	瓶（支）	2.6	278	339	389		
5	001020105	阿莫西林	胶囊	250mg*24	盒（瓶）	7.4	189	352	92		
6	001020106	阿莫西林	片剂	125mg*12	盒（瓶）	2.1	67	161	53		
7	001020107	阿莫西林	分散片	250mg*18	盒（瓶）	6.8	46	66	89		
8	001020108	头孢唑林	注射剂	2g	瓶（支）	5.1	378	324	284		
9	001020109	头孢氨苄	片剂	250mg*30	盒（瓶）	8.0	279	362	176		
10	001020110	头孢氨苄	胶囊	500mg*24	盒（瓶）	11.8	128	90	79		
11	001020111	头孢氨苄	颗粒剂	125mg	袋	0.21	79	66	83		
12	001020112	红霉素	肠溶片	125mg*24	盒（瓶）	4.4	92	79	63		
13	001020113	红霉素	肠溶胶囊	125mg*12	盒（瓶）	2.5	32	28	41		
14	001020114	红霉素	注射剂	250mg	瓶（支）	1.3	70	93	74		
15	001020115	红霉素	软膏剂	100mg:10g	支	1.7	50	79	89		

主管院长：　　　　科室主任：　　　　制表人：

图20-1　“化学药品和生物制品”效果图

(6)对“药品销售统计表.XLSX”工作簿中的“化学药品和生物制品”“中成药”两张工作表进行应用条件格式设置，具体做如下操作。

①对第一季度销售量小于50的数据设置“浅红填充色深红色文本”。

②对第一季度销售量大于100的数据设置“绿填充色深绿色文本”。

(7)对“药品销售统计表.XLSX”工作簿中的“化学药品和生物制品”“中成药”两张工作表做如下操作。

①冻结“化学药品和生物制品”工作表的表头信息(A1：L4)。

②单击“中成药”工作表中的G10单元格进行拆分窗口操作。

质量检查		成绩：
指导教师检查任务完成情况，并对学生提出问题，根据学生实际情况给出建议。		
综合评价及建议		
学生自我评价及反馈		成绩：
根据自己在课堂中实际表现进行自我反思和自我评价。 自我反思和评价：_____		

任务评价表

评价项目	评价标准	配分	得分
表格文本格式化	正确设置了表格文字的字体、字号、颜色等。	25	
表格编辑	设置表格行高列宽、边框线、底纹填充等。	25	
条件格式	对销售量数据应用了条件格式。	20	
表头冻结	冻结了表头信息。	15	
窗口拆分	在指定单元格处进行了窗口拆分。	15	
评价反馈			
任务完成度	□优秀 □良好 □基本完成 □有待提高	总得分	

任务单 21　计算员工基本情况表

学院名称		专业		姓名	
指导教师		日期		成绩	

任务情景	小明是一名新入职的人事部门员工,负责使用公式和函数计算员工基本情况表和员工工资表的数据。他需要在 WPS 表格中录入并计算相关数据,确保计算结果准确无误。
任务目标	(1)使用公式计算员工工资表的数据。 (2)使用函数提取和计算员工基本情况表的数据。 (3)确保计算结果准确,并应用到所有相关单元格。

任务准备	成绩:

(1)安装 WPS Office 软件,确保电脑上已安装 WPS Office 软件,并了解其基本使用方法。
(2)准备好员工基本情况表和员工工资表的数据。
(3)确保有一个安静、不被打扰的工作环境,预留充足的时间进行任务执行。
重点和难点:公式应用,函数使用,跨工作表引用参数

制订计划(对应课前内容)	成绩:

根据作业任务目标,完成作业计划描述。

作业项目	完成情况
(1)在"员工工资表"工作表中使用公式计算应发工资、扣社保、扣医保、扣公积金、应纳税所得额、实发工资。	
(2)在"员工基本情况表"工作表中使用常用函数计算性别。	
(3)在"员工基本情况表"工作表中使用文本函数计算出生日期。	
(4)在"员工基本情况表"工作表中使用日期函数计算工龄。	
(5)在"员工工资表"工作表中使用逻辑函数计算岗位工资、薪级工资、绩效工资、个人所得税。	

计划审核	审核情况: 年　月　日

计划实施(根据每个任务制定)	成绩:

🔊 **任务一:使用公式计算员工基本情况表**

打开"员工基本情况表"工作簿,对"员工工资表"工作表做如下操作。

(1)如图 21-1 所示,在 F3 单元格录入公式"＝C3＋D3＋E3",确认后拖动填充句柄至 F14 单元格。

使用公式计算员工基本情况表

图 21-1　在 F3 单元格录入公式"＝C3＋D3＋E3"

(2)在 G3 单元格录入公式"＝F3＊0.08",确认后拖动填充句柄至 G14 单元格。

(3)在 H3 单元格录入公式"＝F3＊0.02",确认后拖动填充句柄至 H14 单元格。

(4)在 I3 单元格录入公式"＝F3＊0.08",确认后拖动填充句柄至 I14 单元格。

(5)在 K3 单元格录入公式"＝F3－G3－H3－I3－J3－5000",确认后拖动填充句柄至 K14 单元格。

(6)在 M3 单元格录入公式"＝F3－G3－H3－I3－L3",确认后拖动填充句柄至 M14 单元格。

🔊 **任务二:使用函数计算员工基本情况表**

1.处理"员工基本情况表"工作表

(1)使用常用公式函数计算"性别",选中 C3 单元格,单击"公式"选项卡下的插入函数"fx"按钮,在弹出的"插入函数"对话框选择"常用公式"下的"提取身份证性别",在"参数输入"下的编辑框中录入 D3,最后单击"确定"按钮,具体见图 21-2,然后拖动填充句柄至 C14 单元格。

使用函数计算员工基本情况表

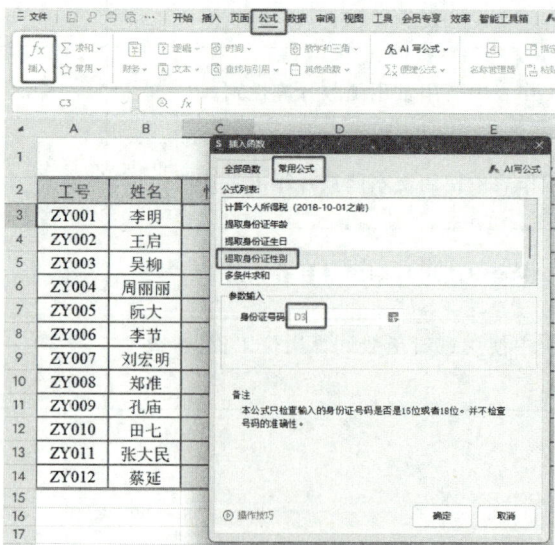

图 21-2　利用常用公示提取身份证性别

(2)如图21-3所示,使用文本函数MID提取"出生日期",选中E3单元格,录入公式及函数"＝MID(D3,7,4)&"年"&MID(D3,11,2)&"月"&MID(D3,13,2)&"日""",然后拖动填充句柄至E14单元格。

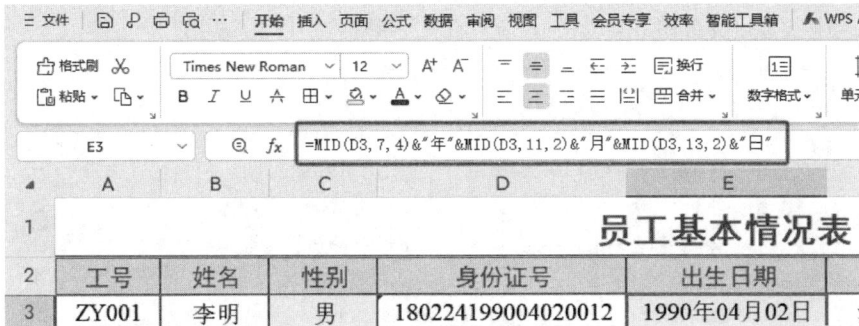

图21-3 使用MID函数计算出生日期

(3)以"2024-7-1"为终止日期,使用日期日间类函数DATEDIF计算工龄,选中H3单元格,录入函数"＝DATEDIF(G3,"2024-7-1","Y")",然后拖动填充句柄至H14单元格。如果使用"插入函数"对话框如图21-4所示。

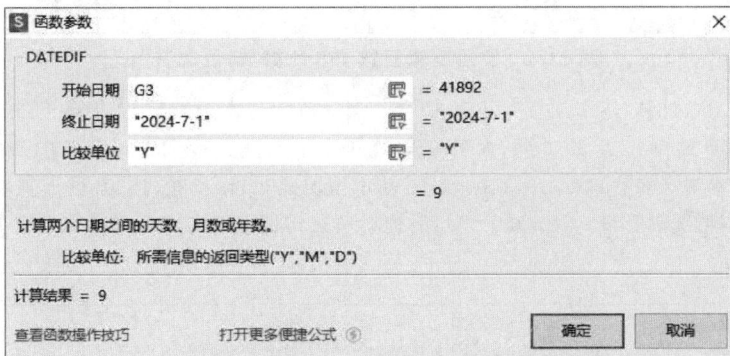

图21-4 利用DATEDIF函数计算工龄

最终效果如图21-5所示。

工号	姓名	性别	身份证号	出生日期	民族	入职日期	工龄	部门	职称
ZY001	李明	男	180224199004020012	1990年04月02日	汉族	2014/09/10	9	一车间	中级
ZY002	王启	女	180224197910263641	1979年10月26日	汉族	2001/05/30	23	二车间	副高
ZY003	吴柳	女	18022419820620002X	1982年06月20日	满族	2005/09/01	18	二车间	副高
ZY004	周丽丽	男	180224198812126652	1988年12月12日	汉族	2012/07/14	11	一车间	中级
ZY005	阮大	女	180224199801150021	1998年01月15日	汉族	2020/02/08	4	一车间	初级
ZY006	李节	男	180224199311026111	1993年11月02日	满族	2015/06/30	9	二车间	中级
ZY007	刘宏明	女	180224200112023684	2001年12月02日	汉族	2023/10/26	0	二车间	初级
ZY008	郑准	男	180224197703010056	1977年03月01日	汉族	1997/11/04	26	一车间	高级
ZY009	孔庙	女	180224197001248621	1970年01月24日	汉族	1991/10/06	32	二车间	高级
ZY010	田七	女	180224198905030045	1989年05月03日	汉族	2011/06/16	13	二车间	中级
ZY011	张大民	女	180224199411233105	1994年11月23日	汉族	2016/09/02	7	二车间	初级
ZY012	蔡延	女	180224199510060029	1995年10月06日	汉族	2017/09/01	6	一车间	初级

图21-5 员工基本情况表效果图

2.处理"员工工资表"工作表

(1)使用逻辑函数 IFS 计算"岗位工资",一车间岗位工资 3000 元,二车间岗位工资 3500 元,选中 C3 单元格,录入函数"＝IFS(员工基本情况表！I3＝"一车间",3000,员工基本情况表！I3＝"二车间",3500)"然后拖动填充句柄至 C14 单元格。如果使用"插入函数"对话框如图 21-6 所示。

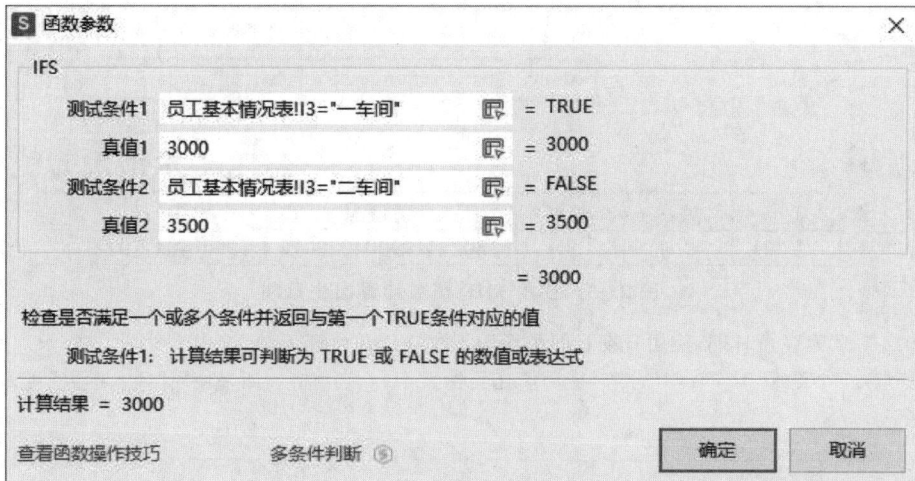

图 21-6　使用逻辑函数 IFS 计算"岗位工资"

(2)使用逻辑函数 IFS 计算"薪级工资",小于 10 年工龄 1000 元,大于等于 10 年小于 20 年工龄 1500 元,大于等于 20 年小于 30 年工龄 2000 元,大于等于 30 年小于 40 年工龄 2500 元,选中 D3 单元格,录入函数"＝IFS(员工基本情况表！H3＜10,1000,员工基本情况表！H3＜20,1500,员工基本情况表！H3＜30,2000,员工基本情况表！H3＜40,2500)"然后拖动填充句柄至 D14 单元格。如果使用"插入函数"对话框如图 21-7 所示。

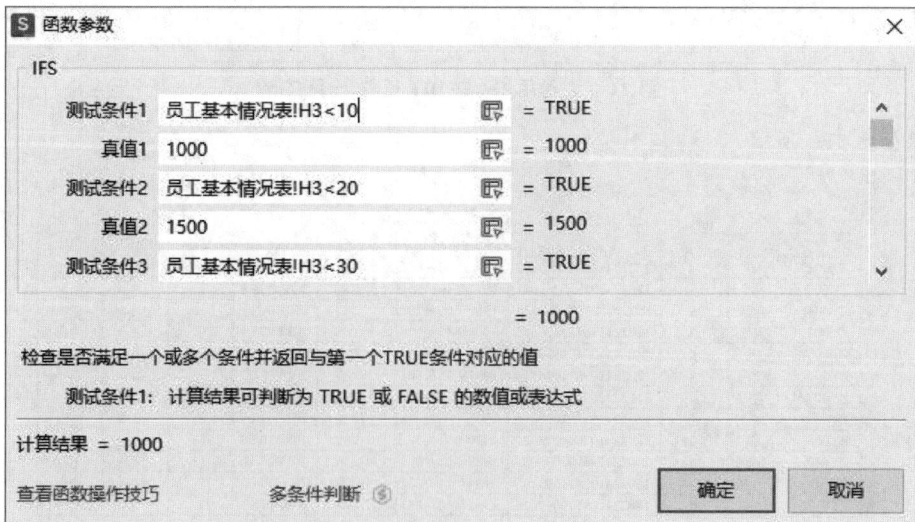

图 21-7　使用逻辑函数 IFS 计算"薪级工资"

(3)使用逻辑函数 IFS 计算"绩效工资",初级职称 2000 元,中级职称 2500 元,副高职称 3000 元,高级职称 4000 元,选中 E3 单元格,录入函数"=IFS(员工基本情况表! J3="初级",2000,员工基本情况表! J3 ="中级",2500,员工基本情况表! J3="副高",3000,员工基本情况表! J3="高级",4000)"然后拖动填充句柄至 E14 单元格。如果使用"插入函数"对话框如图 21-8 所示。

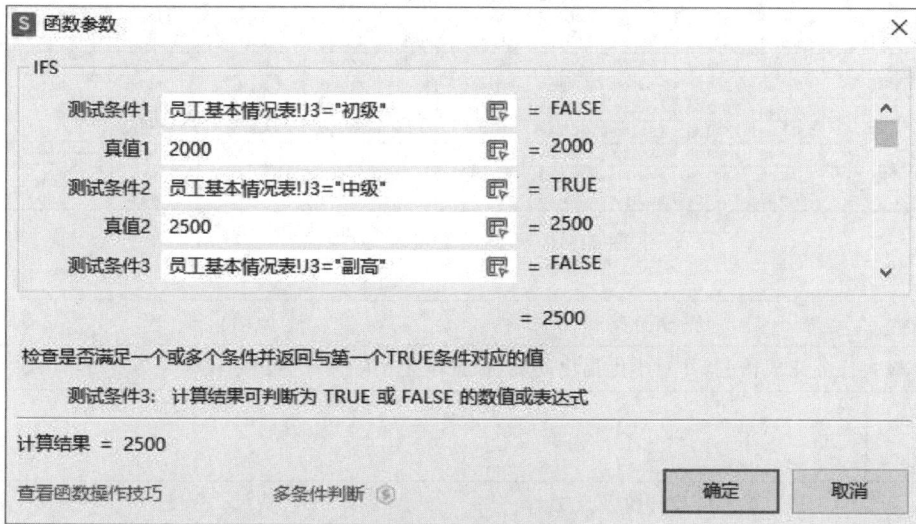

图 21-8 使用逻辑函数 IFS 计算"绩效工资"

(4)使用逻辑函数 IF 计算"个人所得税",应纳税所得额小于等于 0,个人所得税为 0,应纳税所得额小于 3000 大于 0,个人所得税为应纳税所得额的 3%,选中 L3 单元格,录入函数"=IF(K3≤=0,0,K3 * 0.03)"然后拖动填充句柄至 L14 单元格。如果使用"插入函数"对话框如图 21-9 所示。

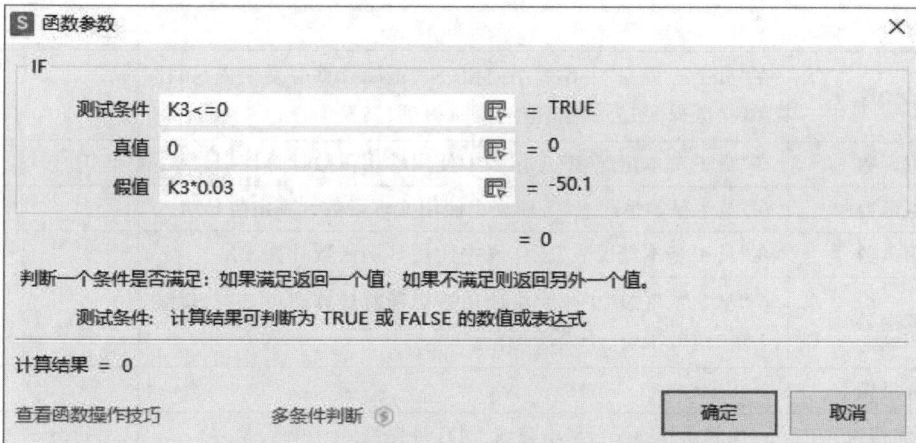

图 21-9 使用逻辑函数 IF 计算"个人所得税"

小提示:本任务中,应纳税额均小于3000,按照 3%缴纳所得税。实际上,税率表更加的科学复杂,应纳税所得额如果大于3000应按照"个人所得税累进税率表"执行,多个缴税级数可以使用 IFS 函数计算。

最终效果如图 21-10 所示。

	A	B	C	D	E	F	G	H	I	J	K	L	M
1	员工工资表												
2	工号	姓名	岗位工资	薪级工资	绩效工资	应发工资	扣社保	扣医保	扣公积金	专项附加扣除	应纳税所得额	个人所得税	实发工资
3	ZY001	李明	3,000.00	1,000.00	2,500.00	6,500.00	520.00	130.00	520.00	2,000.00	-1,670.00	0.00	5,330.00
4	ZY002	王启	3,500.00	2,000.00	3,000.00	8,500.00	680.00	170.00	680.00	3,000.00	-1,030.00	0.00	6,970.00
5	ZY003	吴柳	3,500.00	1,500.00	3,000.00	8,000.00	640.00	160.00	640.00	1,500.00	60.00	1.80	6,558.20
6	ZY004	周丽丽	3,000.00	1,500.00	2,500.00	7,000.00	560.00	140.00	560.00	2,000.00	-1,260.00	0.00	5,740.00
7	ZY005	阮大	3,000.00	1,000.00	2,000.00	6,000.00	480.00	120.00	480.00	0.00	-80.00	0.00	4,920.00
8	ZY006	李节	3,500.00	1,000.00	2,500.00	7,000.00	560.00	140.00	560.00	1,000.00	-260.00	0.00	5,740.00
9	ZY007	刘宏明	3,500.00	1,000.00	2,000.00	6,500.00	520.00	130.00	520.00	0.00	330.00	9.90	5,320.10
10	ZY008	郑准	3,000.00	2,000.00	4,000.00	9,000.00	720.00	180.00	720.00	1,500.00	880.00	26.40	7,353.60
11	ZY009	孔庙	3,500.00	2,500.00	4,000.00	10,000.00	800.00	200.00	800.00	1,500.00	1,700.00	51.00	8,149.00
12	ZY010	田七	3,500.00	1,500.00	2,500.00	7,500.00	600.00	150.00	600.00	2,000.00	-850.00	0.00	6,150.00
13	ZY011	张大民	3,500.00	1,000.00	2,000.00	6,500.00	520.00	130.00	520.00	1,000.00	-670.00	0.00	5,330.00
14	ZY012	蔡延	3,000.00	1,000.00	2,000.00	6,000.00	480.00	120.00	480.00	0.00	-80.00	0.00	4,920.00

图 21-10 "员工工资表"效果图

质量检查	成绩:
指导教师检查任务完成情况,并对学生提出问题,根据学生实际情况给出建议。	
综合评价 及建议	

学生自我评价及反馈	成绩:
根据自己在课堂中实际表现进行自我反思和自我评价。 自我反思和评价:_____	

任务评价表

评价项目	评价标准	配分	得分
公式计算	在"员工工资表"工作表中使用公式正确计算应发工资、扣社保、扣医保、扣公积金、应纳税所得额、实发工资。	30	
常用函数	在"员工基本情况表"工作表中使用常用函数计算性别。	10	
文本函数	在"员工基本情况表"工作表中使用文本函数计算出生日期。	15	
日期函数	在"员工基本情况表"工作表中使用日期函数计算工龄。	15	
逻辑函数	在"员工工资表"工作表中使用逻辑函数计算岗位工资、薪级工资、绩效工资、个人所得税。	30	
评价反馈			
任务完成度	□优秀 □良好 □基本完成 □有待提高	总得分	

任务单 22　计算药品销售统计表(选做)

学院名称		专业		姓名	
指导教师		日期		成绩	

任务情景	小明是一名新入职的药房统计员,负责计算和分析药品销售统计表的数据。他需要在WPS表格中使用各种函数,确保数据计算准确,并对销售数据进行统计和排名。
任务目标	(1)插入并计算第一季度月平均销量和销量排名。 (2)使用函数计算合计、销售金额、和销量排名。 (3)确保所有计算结果保留小数点后两位(销量排名除外)。

任务准备	成绩:
(1)安装 WPS Office 软件,确保电脑上已安装 WPS Office 软件,并了解其基本使用方法。 (2)准备好药品销售统计表的数据。 (3)确保有一个安静、不被打扰的工作环境,预留充足的时间进行任务执行。 重点和难点:公式使用,函数应用,参数的引用方式	

制订计划(对应课前内容)	成绩:
根据作业任务目标,完成作业计划描述。	

作业项目	完成情况
(1)调整表格插入"第一季度月平均销量"和"销量排名"列。	
(2)录入并填充求和函数 SUM 计算合计。	
(3)录入并填充求平均值函数 AVERAGE 计算月平均销量。	
(4)录入并填充乘法函数 PRODUCT 计算销售金额。	
(5)录入并填充排序函数 RANK 计算销量排名。	

计划审核	审核情况: 年　月　日

计划实施(根据每个任务制定)	成绩:

打开“药品销售统计表.XLSX”工作簿,对“化学药品和生物制品”与“中成药”工作表做如下操作。

(1)求出两张工作表中的“合计”与“销售金额”列中间插入“第一季度月平均销量”列,在“销售金额”后插入“销量排名”列。

(2)单击 K5 单元格录入函数“=SUM(H5:J5)”,然后拖动填充句柄至 K19 单元格。

(3)单击 L5 单元格录入函数“=AVERAGE(H5:J5)”,然后拖动填充句柄至 L19 单元格。

(4)单击 M5 单元格录入函数“=PRODUCT(K5,G5)”,然后拖动填充句柄至 M19 单元格。

(5)单击 N5 单元格录入函数“=RANK.EQ(M5,$M$5:$M$19)”,然后拖动填充句柄至 N19 单元格。

(6)在表格最后一行“主管院长……”前插入一行“合计”统计出第一季度销售总金额。

注:计算完成后除“销量排名”外结果保留小数点后两位。

最终效果如图 22-1 所示。

	A	B	C	D	E	F	G	H	I	J	K	L	M	N
1	2024年西药药品销售统计表													
2	部门:心血管科									日期:2024年3月31日				
3	序号	药品信息						第一季度销售量			合计	第一季度月平均销量	销售金额	销量排名
4		药品编号	药品名称	剂型	规格	单位	零售价格	一月	二月	三月				
5	1	001020101	青霉素	注射剂	40万单位	瓶(支)	0.54	120	132	150	402.00	134.00	217.08	14
6	2	001020201	苯唑西林	注射剂	2g	瓶(支)	2.9	210	165	223	598.00	199.33	1728.22	6
7	3	001020301	氯苄西林	注射剂	1g	瓶(支)	1.8	209	98	110	417.00	139.00	750.60	9
8	4	001020302	氯苄西林	注射剂	500mg(溶媒结晶粉)	瓶(支)	2.6	278	339	389	1006.00	335.33	2615.60	5
9	5	001020401	阿莫西林	胶囊	250mg*24	盒(瓶)	7.4	189	352	92	633.00	211.00	4684.20	3
10	6	001020402	阿莫西林	片剂	125mg*12	盒(瓶)	2.1	67	161	53	281.00	93.67	586.58	10
11	7	001020403	阿莫西林	分散片	250mg*18	盒(瓶)	6.8	46	66	89	201.00	67.00	1370.47	7
12	8	001020501	头孢唑林	注射剂	2g	瓶(支)	5.1	378	324	284	986.00	328.67	5028.60	2
13	9	001020601	头孢氨苄	片剂	250mg*30	盒(瓶)	8.0	279	362	176	817.00	272.33	6536.00	1
14	10	001020602	头孢氨苄	胶囊	500mg*24	盒(瓶)	11.8	128	90	79	297.00	99.00	3504.60	4
15	11	001020603	头孢氨苄	颗粒剂	125mg	袋	0.21	79	66	83	228.00	76.00	48.59	15
16	12	001020701	红霉素	肠溶片	125mg*24	盒(瓶)	4.4	92	79	63	234.00	78.00	1029.60	8
17	13	001020702	红霉素	肠溶胶囊	125mg*12	盒(瓶)	2.5	32	28	41	101.00	33.67	255.25	13
18	14	001020703	红霉素	注射剂	250mg	瓶(支)	1.3	70	93	74	237.00	79.00	309.19	12
19	15	001020704	红霉素	软膏剂	100mg:10g	支	1.7	50	79	89	218.00	72.67	370.60	11
20	合计												29035.18	
21	主管院长:					科室主任:					制表人:			

图 22-1 “药品销售统计表”效果图

质量检查	成绩:
指导教师检查任务完成情况,并对学生提出问题,根据学生实际情况给出建议。	
综合评价及建议	
学生自我评价及反馈	成绩:

根据自己在课堂中实际表现进行自我反思和自我评价。

自我反思和评价:____________________

任务评价表

评价项目	评价标准	配分	得分
表格调整	插入"第一季度月平均销量"和"销量排名"列。	20	
求和函数	使用 SUM 函数计算了合计,并保留小数点后两位。	20	
平均值函数	使用 AVERAGE 函数计算了月平均销量,并保留小数点后两位。	20	
乘法函数	使用 PRODUCT 计算销售金额,并保留小数点后两位。	20	
排序函数	使用 RANK 函数计算了销量排名。	20	
评价反馈			
任务完成度	□优秀 □良好 □基本完成 □有待提高	总得分	

任务单 23 统计与分析员工基本情况表

学院名称		专业		姓名	
指导教师		日期		成绩	

任务情景	小明是一名新入职的人事部门员工,负责统计和分析员工基本情况表的数据。他需要在 WPS 表格中进行数据有效性设置、排序、筛选、分类汇总,并创建图表和数据透视表进行分析。
任务目标	(1)设置数据有效性、排序和筛选员工基本情况表。 (2)进行分类汇总计算,创建和编辑图表及数据透视表。 (3)分析员工工资数据,确保结果准确。

任务准备	成绩:

(1)安装 WPS Office 软件,确保电脑上已安装 WPS Office 软件,并了解其基本使用方法。
(2)准备好员工基本情况表和员工工资表的数据。
(3)确保有一个安静、不被打扰的工作环境,预留充足的时间进行任务执行。
重点和难点:数据有效性,排序筛选,数据透视表

制订计划(对应课前内容)	成绩:

根据作业任务目标,完成作业计划描述。

作业项目	完成情况
(1)对员工基本情况表设置工龄数据有效性,只输入大于 0 的整数。	
(2)对员工基本情况表按照职称排序,顺序为初级、中级、副高、高级。	
(3)对员工基本情况表使用自动筛选功能筛选出工龄大于 10 年的女职工。	
(4)对员工基本情况表按照部门进行分类汇总,计算各部门平均工龄。	
(5)对员工工资表创建员工实发工资、应发工资组合图、数据透视表及数据透视图,分析工资数据。	

计划审核	审核情况:
	年　月　日

计划实施（根据每个任务制定）	成绩：

🔵 任务一：统计员工基本情况表

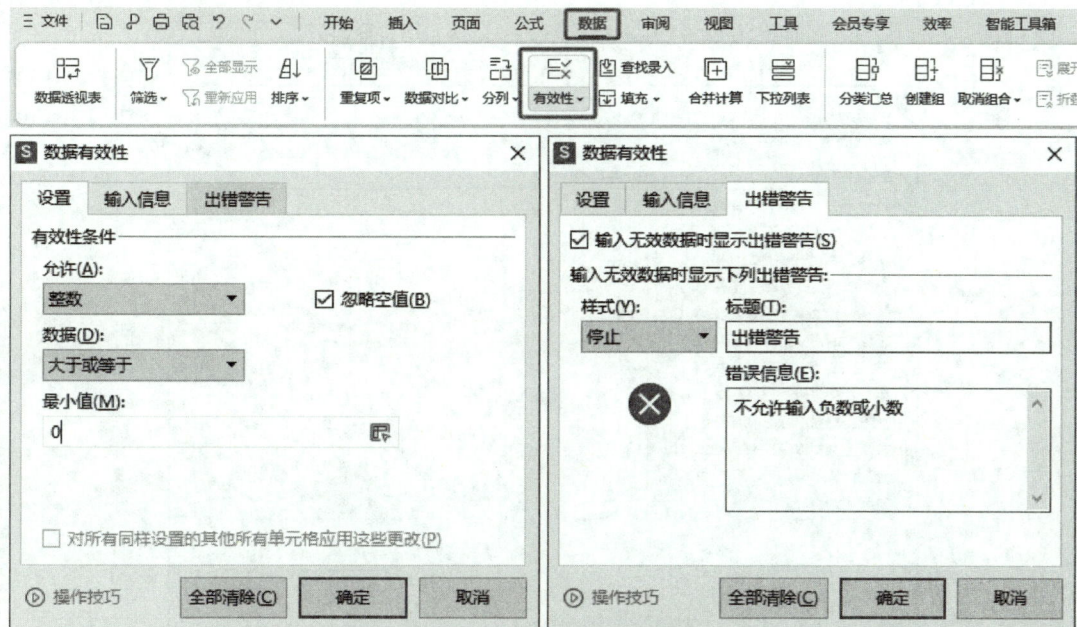

1.数据有效性

对"工龄"列数据设置有效性，只输入大于 0 的整数。打开"员工基本情况表"工作簿，对"员工基本情况表"工作表创建副本，将工作表重命名为"数据有效性"，选择 H3:H14 单元格区域，单击"数据"选项卡下的"有效性"，在下拉菜单下选择"有效性"，在弹出的"数据有效性"对话框中"设置"下选择允许"整数"，数据"大于或等于"0，"输入信息"下输入内容为"请输入正整数"，"出错警告"下"标题"填"出错警告"，"错误信息"填"不允许输入负数或小数"，具体操作如图 23-1 所示。

统计员工基本
情况表

图 23-1 对工龄设置数据有效性

2.排序

按照职称对"员工基本情况表"进行排序，顺序为"初级、中级、副高、高级"。为"员工基本情况表"工作表创建副本，将工作表重命名为"排序"，选择 A2:J14 单元格区域，单击"数据"选项卡下的"排序"，在下拉菜单下选择"自定义排序"，在弹出的"排序"对话框中"主要关键字"选择"职称"，"次序"单击下拉列表框，选择"自定义序列"，在弹出的"自定义序列"对话框中"输入序列""初级、中级、副高、高级"序列内的数据用回车键分隔，单击"添加"按钮后，再单击"确定"按钮，完成"次序"的录入，在"排序"对话框中其余选项采用默认值，具体操作如图 23-2 所示，排序后结果如图 23-3 所示。

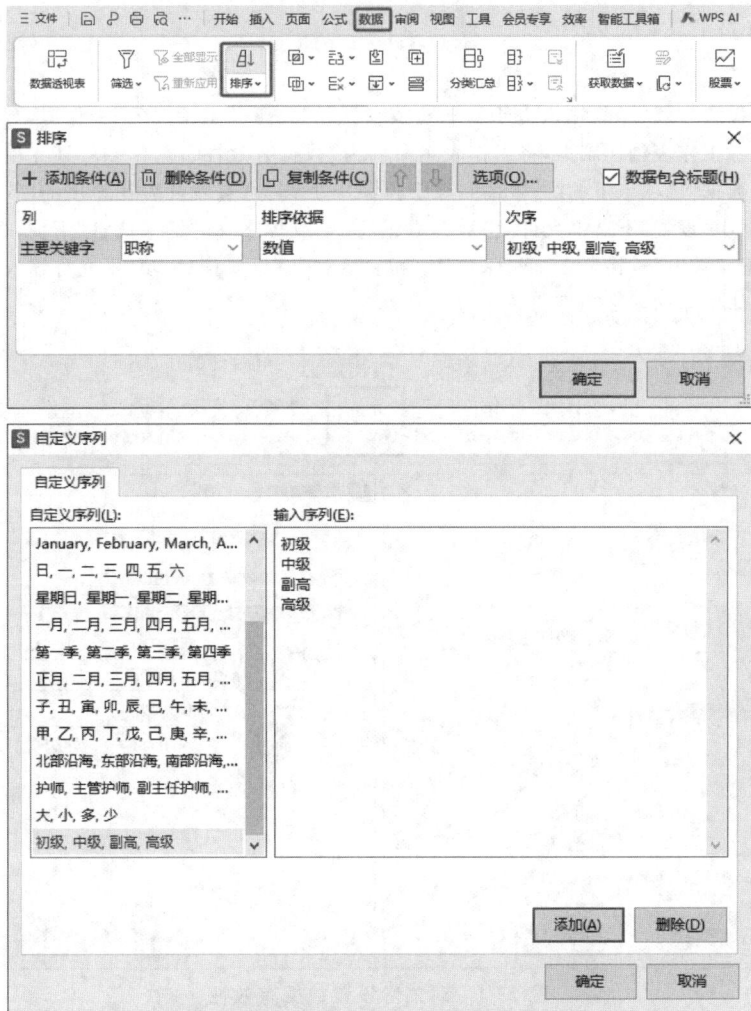

图 23-2　按照职称对"员工基本情况表"排序

	A	B	C	D	E	F	G	H	I	J
1	员工基本情况表									
2	工号	姓名	性别	身份证号	出生日期	民族	入职日期	工龄	部门	职称
3	ZY005	阮大	女	180224199801150021	1998年01月15日	汉族	2020/02/08	4	一车间	初级
4	ZY007	刘宏明	女	180224200112023684	2001年12月02日	汉族	2023/10/26	0	二车间	初级
5	ZY011	张大民	女	180224199411233105	1994年11月23日	汉族	2016/09/02	7	二车间	初级
6	ZY012	蔡延	女	180224199510060029	1995年10月06日	汉族	2017/09/01	6	一车间	初级
7	ZY001	李明	男	180224199004020012	1990年04月02日	汉族	2014/09/10	9	一车间	中级
8	ZY004	周丽丽	男	180224198812126652	1988年12月12日	汉族	2012/07/14	11	一车间	中级
9	ZY006	李节	男	180224199311026111	1993年11月02日	满族	2015/06/30	9	二车间	中级
10	ZY010	田七	女	180224198905030045	1989年05月03日	汉族	2011/06/16	13	二车间	中级
11	ZY002	王启	女	180224197910263641	1979年10月26日	汉族	2001/05/30	23	二车间	副高
12	ZY003	吴柳	男	18022419820620002X	1982年06月20日	满族	2005/09/01	18	二车间	副高
13	ZY008	郑准	男	180224197703010056	1977年03月01日	汉族	1997/11/04	26	一车间	高级
14	ZY009	孔庙	女	180224197001248621	1970年01月24日	汉族	1991/10/06	32	二车间	高级

图 23-3　排序效果图

3.自动筛选

使用自动筛选功能筛选出工龄大于 10 年的女职工。为"员工基本情况表"工作表创建副本,对工作表重命名为"自动筛选",选择 A2:J2 单元格区域,单击"数据"选项卡下的"筛选",在下拉菜单下选择"筛选",如图 23-4 所示。

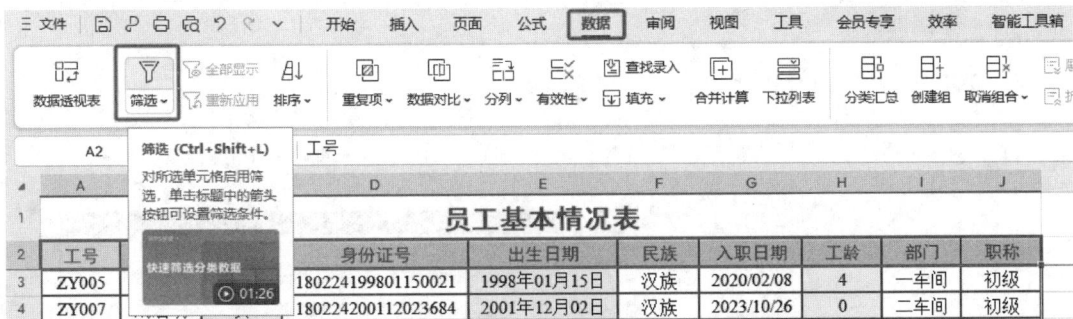

图 23-4 启动自动筛选

单击"性别"下拉列表,在"内容筛选"下选择"女",如图 23-5 所示。单击"工龄"下拉列表,选择"数据筛选"下的"大于"在弹出的"自定义自动筛选方式"对话框中录入工龄大于"10",如图 23-6 所示,自动筛选结果如图 23-7 所示。

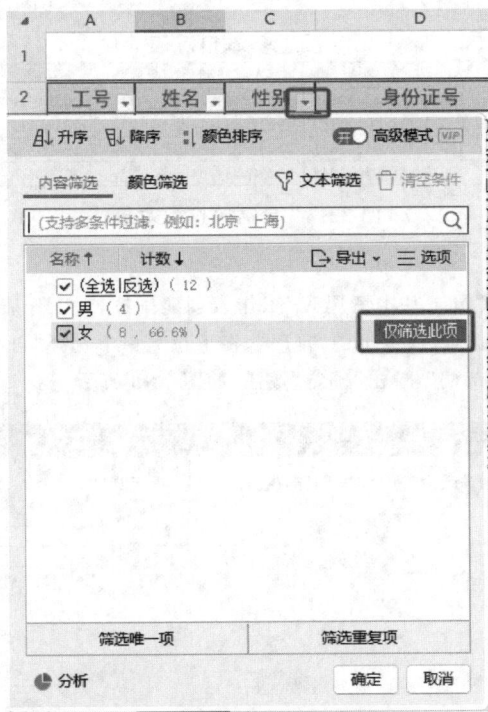

图 23-5 筛选性别为"女"的员工

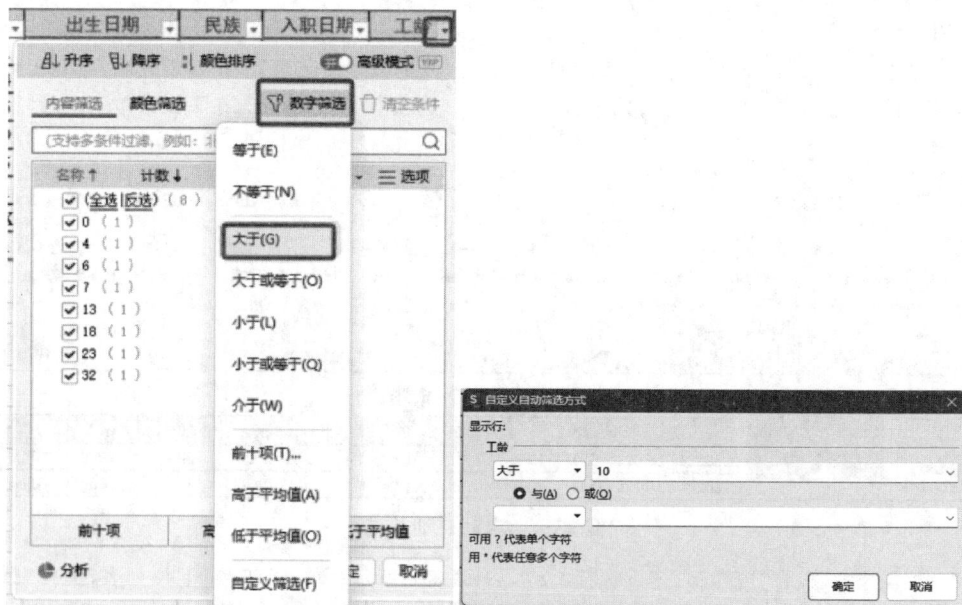

图 23-6 筛选工龄大于 10 的员工

图 23-7 自动筛选后效果

4. 分类汇总

按照部门,计算平均工龄。为"员工基本情况表"工作表创建副本,对工作表重命名为"分类汇总",选择A2:J14 单元格区域,单击"数据"选项卡下的"排序",在下拉菜单下选择"自定义排序",在弹出的"排序"对话框中"主要关键字"选择"部门",单击"确定"按钮,如图 23-8 所示。

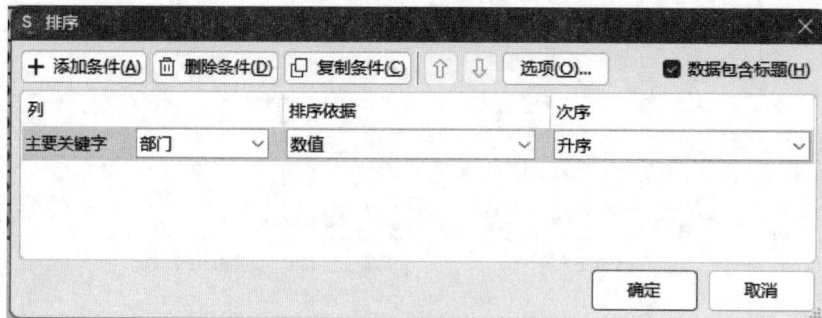

图 23-8 按照部门进行排序

如图 23-9 所示,单击"数据"选项卡下的"分类汇总",在"分类汇总"对话框中选择"分类字段"为"部门","汇总方式"为"平均值","选定汇总项"为"工龄",单击"确定"按钮完成操作(可保留 2 位小数),结果如图 23-10 所示。

图 23-9 设置分类汇总参数

图 23-10 分类汇总效果图

任务二：分析员工基本情况表

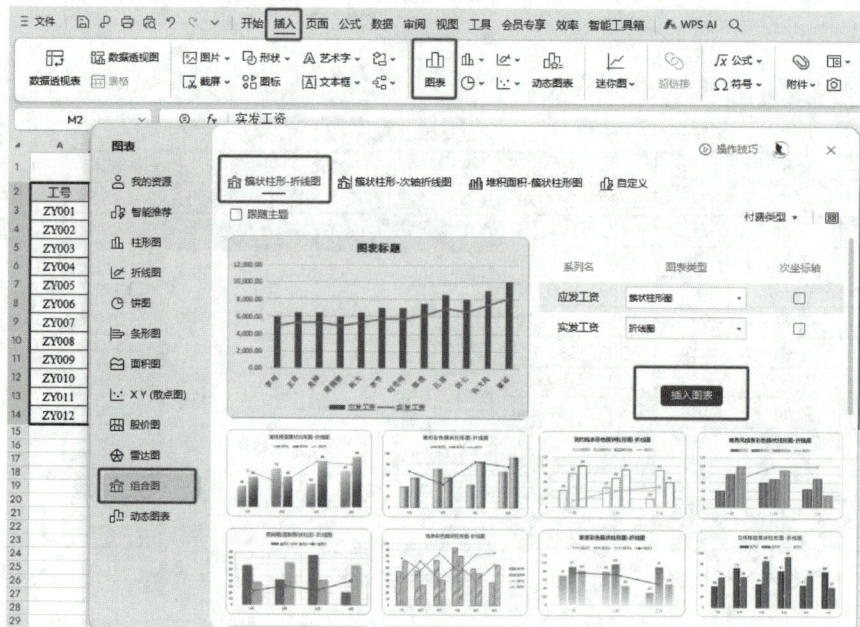

1.创建和编辑图表

创建员工实发工资、应发工资组合图。选择"员工工资表"中 B2：B14、F2：F14 和 M2：M14 单元格区域，单击"插入"选项卡下的"全部图表"，在弹出的"图表"对话框中选择"组合图"下的"簇状柱形-折线图"，单击"插入图表"按钮，如图 23-11 所示。

图 23-11　创建图表

更改图表标题为"员工工资表"，对"应发工资"添加元素"数据标签外"，如图 23-12 所示。

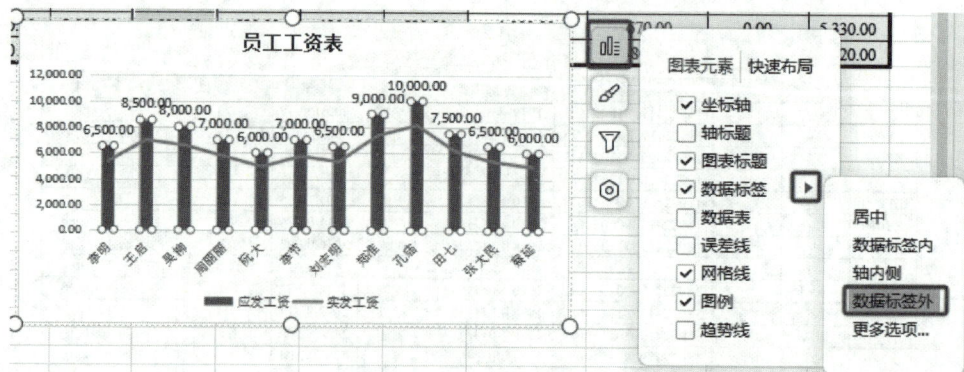

图 23-12　修改图表

将图表移动到新的工作表中，新工作表命名为"图表"，如图 23-13 所示。最终效果如图 23-14 所示。

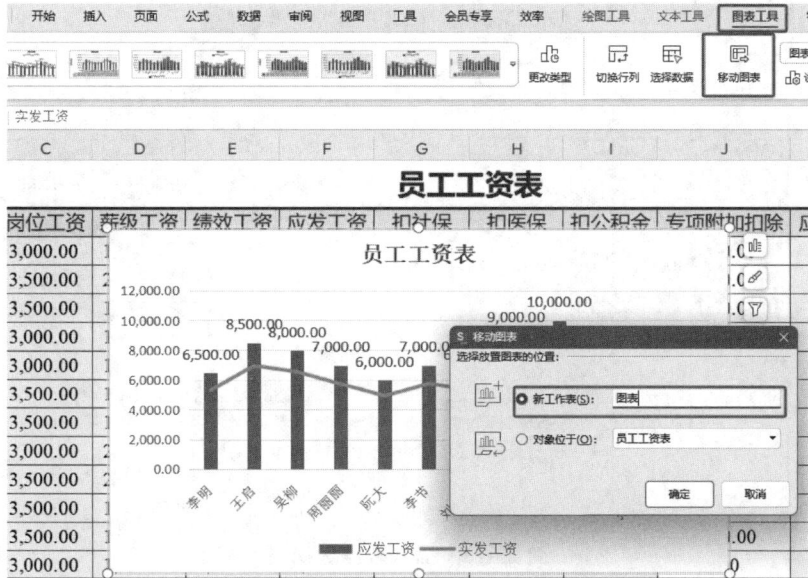

图 23-13 移动图表到新工作表

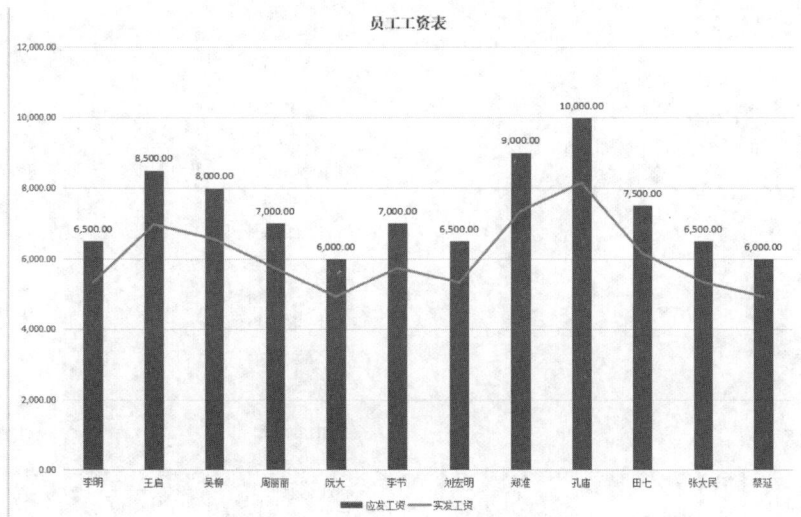

图 23-14 "员工工资表"图表效果图

2.创建和编辑数据透视表

在"员工工资表"中的"姓名"列后插入两个空白列,将"员工基本情况表"中的"部门"和"职称"两列数据粘贴至新插入的空白列中。选择 A2:O14 单元格区域,单击"插入"选项卡下的"数据透视表",选择"新工作表"创建数据透视表,将新工作表 Sheet1 重命名为"透视表",如图 23-15 所示。

在"数据透视表"窗格"字段列表"表勾选"姓名""部门"加入"行"下,勾选"应发工资""实发工资"加入"值"下。在数据透视表中的"部门"下选择"一车间"就能看到一车间"应发工资"和"实发工资"的总合,如图 23-16 所示。

图 23-15 插入数据透视表

图 23-16 设置数据透视表

3.创建和编辑数据透视图

在"员工工资表"中选择 A2:O14 单元格区域,单击"插入"选项卡下的"数据透视图",选择"新工作表"创建数据透视图,将新工作表 Sheet2 重命名为"透视图",如图 23-17 所示。

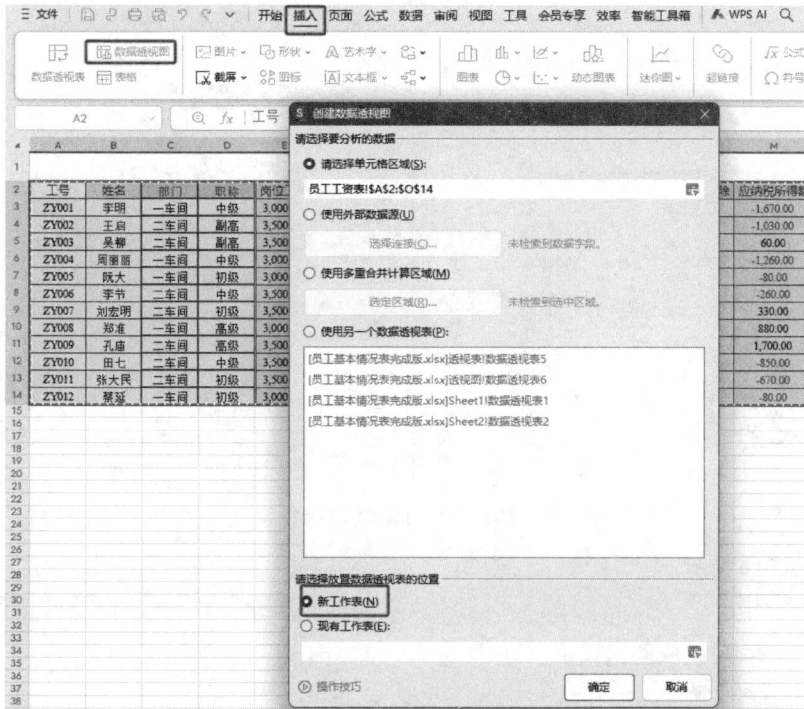

图 23-17 创建数据透视图

在"数据透视表"窗格"字段列表"表勾选"姓名""部门"加入"行"下,勾选"实发工资"加入"值"下。在数据透视表中的"部门"下选择"二车间"就能看到二车间"实发工资"数据透视图,如图 23-18 所示。

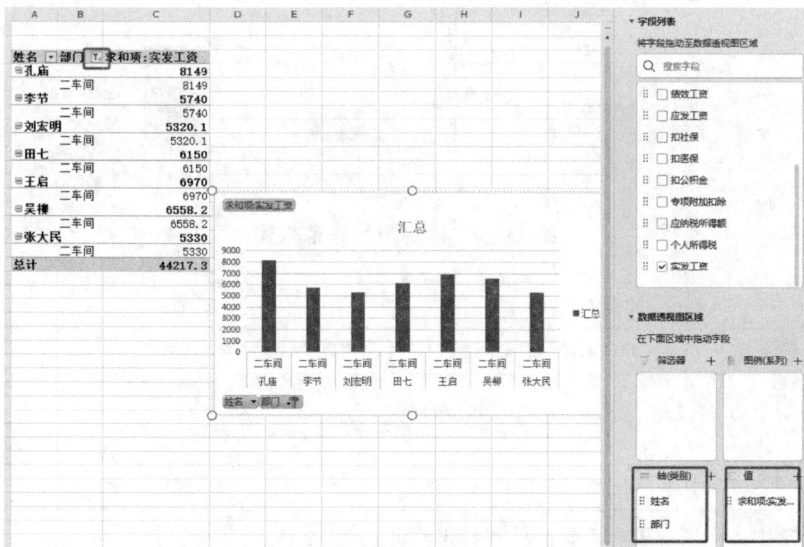

图 23-18 设置数据透视图

单击"分析"选项卡标签下的"切片器",选择"职称"做切片,在"职称"切片器中选择"初级",这样就能看到二车间初级职称人员的数据透视图,如图 23-19 所示。

图 23-19　插入切片器

最终效果如图 23-20 所示。

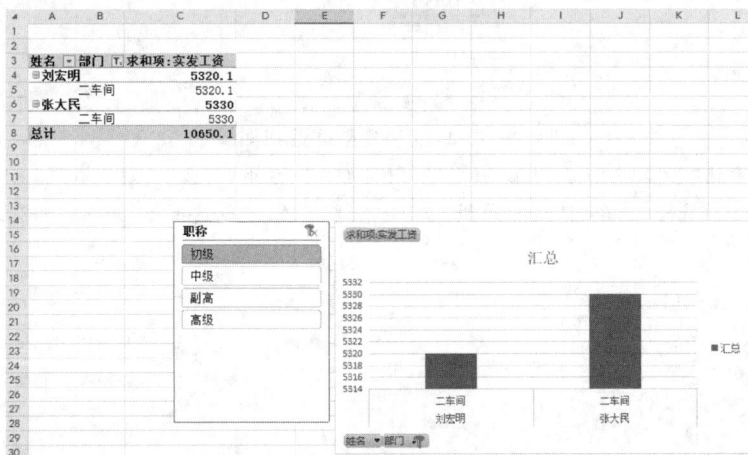

图 23-20　透视图最终效果图

质量检查	成绩：
指导教师检查任务完成情况,并对学生提出问题,根据学生实际情况给出建议。	

综合评价 及建议	

学生自我评价及反馈	成绩：
根据自己在课堂中实际表现进行自我反思和自我评价。 自我反思和评价：_____	

任务评价表

评价项目	评价标准	配分	得分
数据有效性	对员工基本情况表设置工龄数据只能输入大于 0 的整数。	20	
排序	按照职称正确排序员工基本情况表。	20	
筛选	筛选出工龄大于 10 年的女职工。	15	
分类汇总	按照部门进行分类汇总,计算各部门平均工龄。	15	
图表、透视表、透视图	对员工工资表创建员工实发工资、应发工资组合图、数据透视表及数据透视图,分析工资数据。	30	
评价反馈			
任务完成度	□优秀 □良好 □基本完成 □有待提高	总得分	

任务单 24 统计与分析药品销售统计表(选做)

学院名称		专业		姓名	
指导教师		日期		成绩	

任务情景	小明是一名新入职的药房统计员,负责统计和分析药品销售统计表的数据。他需要在 WPS 表格中进行数据有效性设置、排序、筛选、分类汇总,并创建图表和数据透视表进行分析。
任务目标	(1)设置数据有效性、排序和筛选药品销售统计表。 (2)进行分类汇总计算,创建和编辑图表及数据透视表。 (3)分析药品销售数据,确保结果准确。

任务准备	成绩:

(1)安装 WPS Office 软件,确保电脑上已安装 WPS Office 软件,并了解其基本使用方法。
(2)准备好药品销售统计表的数据。
(3)确保有一个安静、不被打扰的工作环境,预留充足的时间进行任务执行。
重点和难点:数据有效性,排序筛选,数据透视表

制订计划(对应课前内容)	成绩:

根据作业任务目标,完成作业计划描述。

作业项目	完成情况
(1)设置销售量数据有效性,只输入正整数。	
(2)按照销售金额降序排序。	
(3)筛选出三个月销量均在 100 以上的药品。	
(4)按药品名称进行分类汇总,汇总各药品销售金额总和。	
(5)创建药品销售统计图和数据透视表,分析销售数据。	

计划审核	审核情况: 年　月　日

计划实施(根据每个任务制定)	成绩:

打开"药品销售统计表.XLSX"工作簿,对"化学药品和生物制品"与"中成药"工作表做如下操作。

1.对"化学药品和生物制品"工作表创建副本

将工作表重命名为"数据有效性",选择 H5:J19 单元格区域,进行数据有效性设置。允许"整数",数据大于或等于,最小值 0;输入信息:标题:输入销售量,输入信息:请输入正整数;出错警告:样式:停止,错误信息:不允许输入负数或小数。

2.对"化学药品和生物制品"工作表创建副本

将工作表重命名为"排序",对工作表的销售金额进行排序,排序方式:降序。

3.对"化学药品和生物制品"工作表创建副本

将工作表重命名为"筛选",筛选出三个月销量均在 100 以上的药品。

4.对"化学药品和生物制品"工作表创建副本

将工作表重命名为"分类汇总",对"药品名称"进行分类,汇总方式为求销售金额的和。

5.对"化学药品和生物制品"工作表中所有药品第一季度销量制作三维簇状柱形图

(1)选择 C4:C19 和 H4:J19 单元格区域,插入三维簇状柱形图。

(2)为图表添加标题"2024 年西药药品销售统计表"。

(3)将图表移动到新的工作表中,新工作表命名为"图表"。

(4)在"绘图工具"选项卡标签下,更改图表样式为预设样式,"渐变填充-无线条"。

(5)单击"图表工具"选项卡标签下的"切换行列",交换坐标轴上的数据,观察交换后数据与之前的区别。

效果如图 24-1 所示。

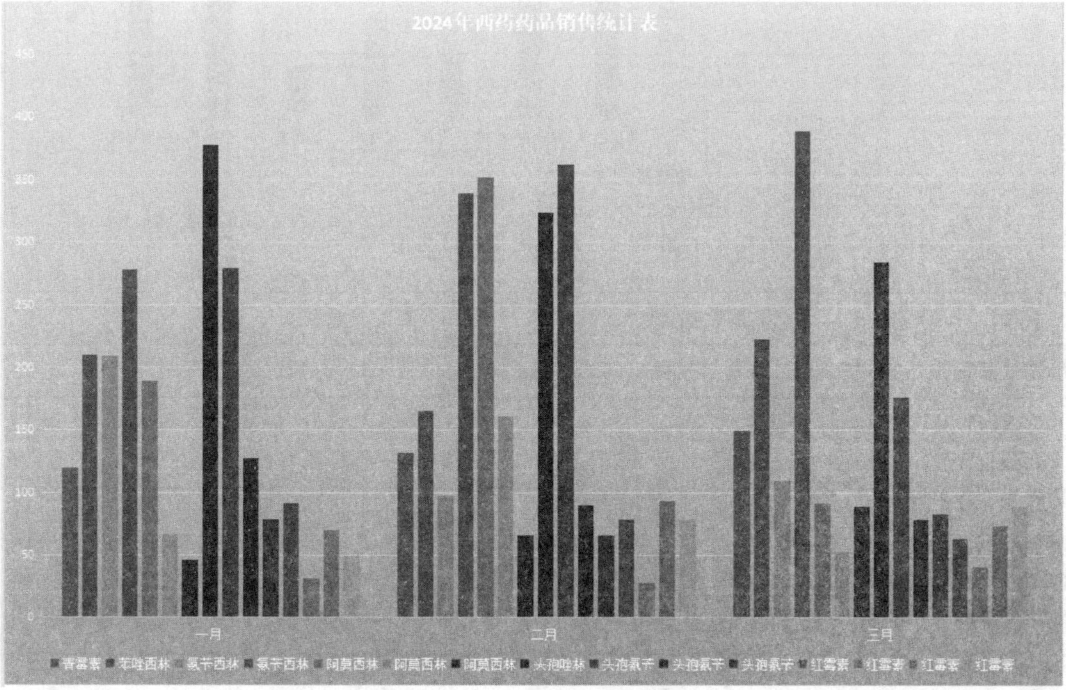

图 24-1　图表最终效果图

6.对"化学药品和生物制品"工作表做如下操作

(1)将 A3、K3、L3、M3、N3 单元格取消合并,然后删除第三行。

(2)选择 A3:N18 单元格区域,插入"数据透视表",将新工作表更名为"透视表",选择要添加到报表的字段:药品名称、规格、合计、销售金额,将行标签中的药品名称和规格互换位置。

(3)更改"化学药品和生物制品"工作表中"青霉素"的零售价格:0.62,然后刷新"数据透视表"中的数据。

(4)更改数据透视表样式:"数据透视表样式 2"。

7.插入数据透视图

选择 A3:N18 单元格区域,插入"数据透视图",将新工作表更名为"透视图",选择要添加到报表的字段:药品名称、合计。将透视图标题"汇总"更改为"第一季度药品销量汇总表"。

效果如图 24-2 所示。

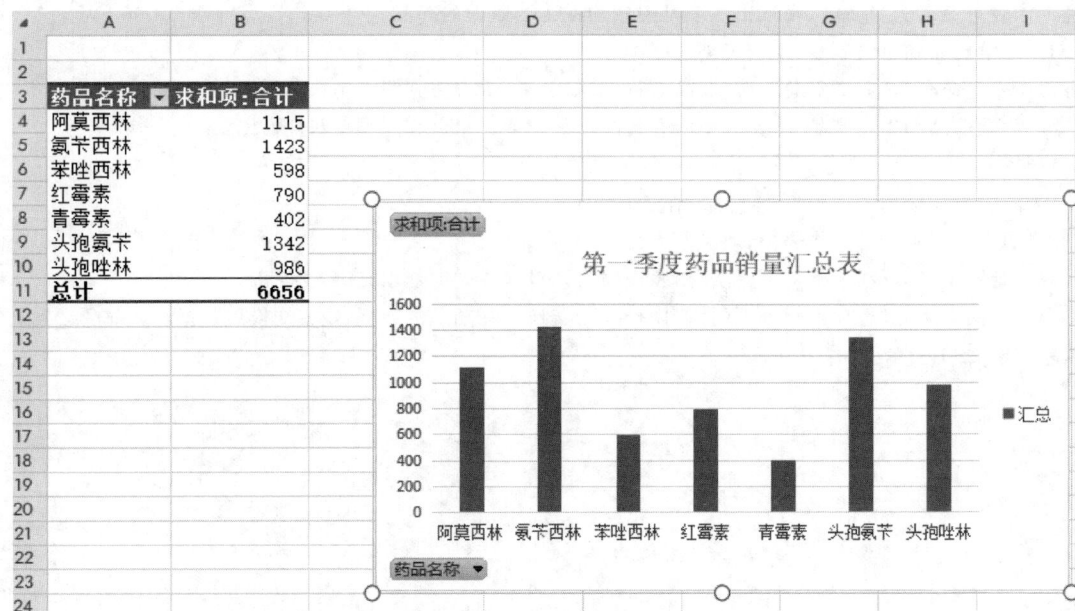

图 24-2　透视图最终效果图

质量检查	成绩:
指导教师检查任务完成情况,并对学生提出问题,根据学生实际情况给出建议。	

综合评价及建议	

学生自我评价及反馈	成绩:
根据自己在课堂中实际表现进行自我反思和自我评价。 自我反思和评价:＿＿＿＿＿＿＿＿＿＿＿＿＿＿＿	

任务评价表

评价项目	评价标准	配分	得分
数据有效性	销售量数据只能输入正整数。	20	
排序	销售金额按降序排序。	15	
筛选	筛选出三个月销量均在 100 以上的药品。	20	
分类汇总	按药品名称进行分类汇总,汇总各药品销售金额总和。	15	
图表、透视表、透视图	创建并编辑了药品销售统计表图表、数据透视表、数据透视图。	30	
评价反馈			
任务完成度	□优秀 □良好 □基本完成 □有待提高	总得分	

任务单 25　保护并打印员工基本情况表

学院名称		专业		姓名	
指导教师		日期		成绩	

任务情景	小明是一名新入职的人事部门员工,负责保护和打印员工基本情况表的数据。他需要在WPS表格中隐藏工作表和单元格、设置工作表保护,并进行打印设置,以确保数据安全和打印效果。
任务目标	(1)隐藏和保护工作表及单元格,确保数据安全。 (2)设置打印参数,优化打印效果。 (3)保护工作簿和工作表,防止未经授权的修改。

任务准备	成绩:
(1)安装 WPS Office 软件,确保电脑上已安装 WPS Office 软件,并了解其基本使用方法。 (2)准备好员工基本情况表和员工工资表的数据。 (3)确保有一个安静、不被打扰的工作环境,预留充足的时间进行任务执行。 重点和难点:数据隐藏,工作表保护,打印设置	

制订计划(对应课前内容)	成绩:
根据作业任务目标,完成作业计划描述。	

作业项目	完成情况
(1)隐藏工作表和专项附加扣除列,设置单元格格式。	
(2)保护工作簿和工作表,设置密码,隐藏公式。	
(3)设置特定单元格可编辑,其余单元格不可修改。	
(4)设置打印参数,包括纸张方向、页边距、页眉页脚等。	
(5)设置打印区域并进行分页预览。	

计划审核	审核情况: 　　　　　　　　　　　　　　　　　　年　　月　　日

计划实施（根据每个任务制定）	成绩：

任务一：保护员工基本情况表

1.隐藏和显示工作表及单元格

(1)打开"员工基本情况表"，将其中的"隐藏工作"隐藏起来，单击"开始"选项卡下的"工作表"选择"隐藏工作表"，如图 25-1 所示。

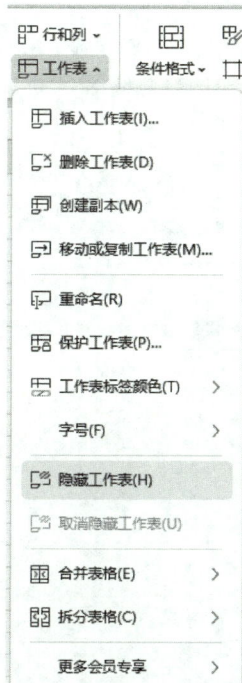

保护员工基本
情况表

图 25-1　隐藏工作表

(2)在"员工工资表中"选择"专项附加扣除"列进行隐藏，单击"开始"选项卡下的"行和列"选择"隐藏与取消隐藏"下的"隐藏列"，如图 25-2 所示。

图 25-2　隐藏列

(3)选择 K3:K14 单元格区域进行隐藏,调出"单元格格式"对话框,选择"数字"下的"自定义",在"类型"下的编辑区中输入";;;"三个分号,这样选中的单元格内容将不再显示。要恢复显示可选中相应单元格,打开"单元格格式"对话框,重新选择数据类型。

2.保护工作簿、工作表及单元格

(1)在"审阅"选项卡下单击"保护工作簿"按钮,输入密码后将整个工作簿进行保护。再次打开工作簿后进行撤销工作簿保护。

(2)选择"员工工资表"中的应发工资列 F3:F14,隐藏选中单元格中公式,密码设置为"123"。

(3)选中需要隐藏公式的单元格区域 F3:F14,调出"单元格格式"对话框,选择"保护"下的"隐藏",如图25-3 所示。

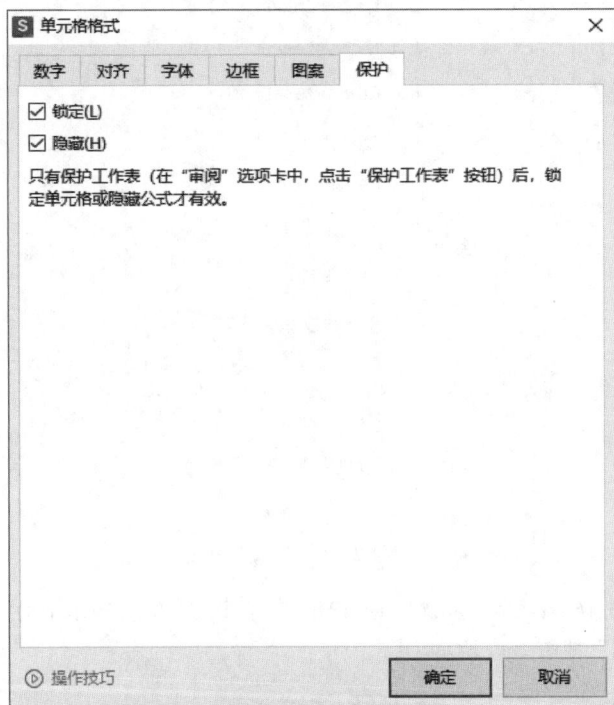

图 25-3   隐藏公式

(4)单击"审阅"选项卡下的"保护工作表"按钮,打开"保护工作表"对话框,输入密码"123",其余选项为默认,如果只隐藏公式,在做"保护工作表"之前选择需要隐藏公式的单元格区域即可,如果没选择特定区域将对整个工作表进行保护,那么该工作表除了能选择单元格,则不能做任何修改,并且应发工资列的公式被隐藏起来,效果如图 25-4 所示,编辑栏中不显示公式。

(5)设置"员工基本情况表"中的"职称"列 J3:J14 输入密码"123"可以修改,其余单元格均不可修改。

选择 J3:J14 单元格区域,单击"审阅"选项卡下的"允许编辑区域"按钮,调出"允许用户编辑区域"对话框,单击"新建"按钮,在"新区域"对话框中设置"区域密码"为"123",其余为默认选项,再次确认密码,返回"允许用户编辑区域"对话框,如图 25-5 所示。单击"允许用户编辑区域"对话框左下角的"保护工作表"按钮,在弹出的"保护工作表"对话框中输入密码"123",确认密码后,"确定"即可。

图 25-4　隐藏公式效果图

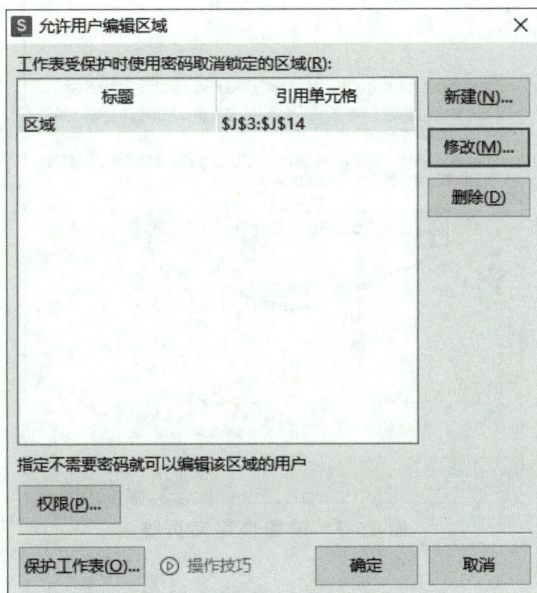

图 25-5　允许用户编辑区域

任务二:打印员工基本情况表

(1)打开"员工基本情况表"进行打印设置。单击"页面"选项卡下的打印"纸张方向"选择"横向",设置"页边距"为预设下的"窄"。调出"页面设置"对话框,在"页边距"下设置"居中方向"为水平居中、垂直居中,设置"页眉页脚",自定义页眉左侧插入"日期"右侧插入"时间",如图 25-6 所示,页脚中间插入"页码",如图 25-7 所示,打印缩放设置"缩放比例"为 120%,如图 25-8 所示。

打印员工基本
情况表

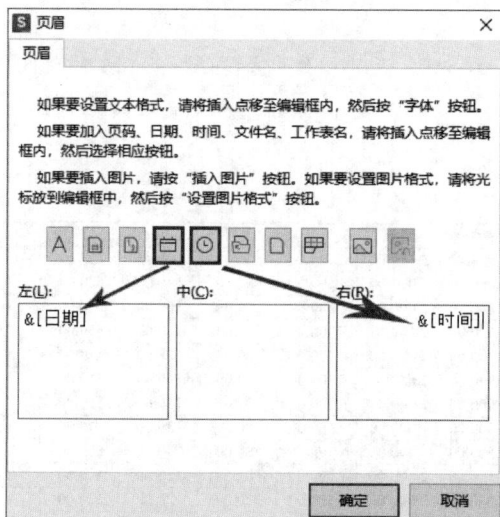

图 25-6　设置自定义页眉

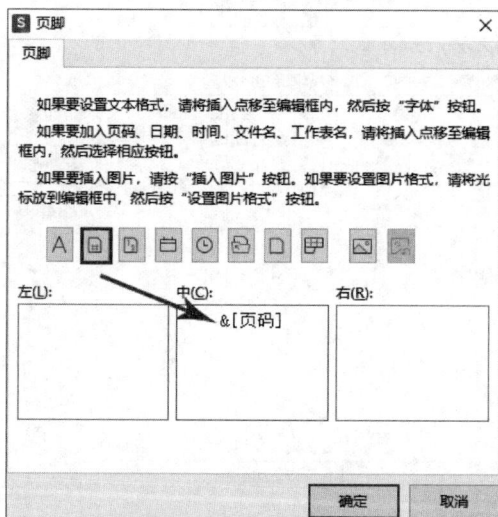

图 25-7　设置自定义页脚

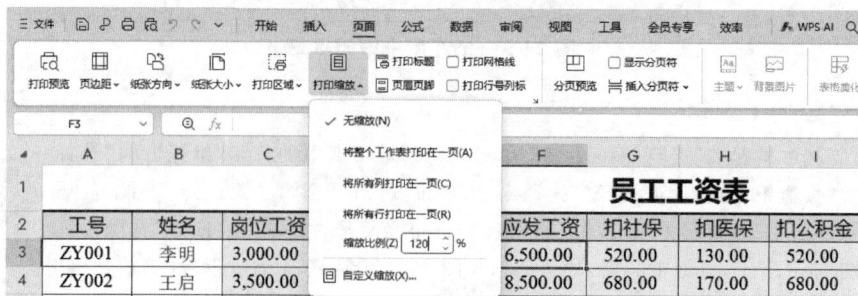

图 25-8　设置缩放比例

打印预览效果如图 25-9 所示。

员工基本情况表

工号	姓名	性别	身份证号	出生日期	民族	入职日期	工龄	部门	职称
ZY001	李明	男	180224199004020012	1990年04月02日	汉族	2014/09/10	9	一车间	中级
ZY002	王启	女	180224197910263641	1979年10月26日	汉族	2001/05/30	23	二车间	副高
ZY003	吴柳	女	18022419820620002X	1982年06月20日	满族	2005/09/01	18	二车间	副高
ZY004	周丽丽	男	180224198812126652	1988年12月12日	汉族	2012/07/14	11	一车间	中级
ZY005	阮大	女	180224199801150021	1998年01月15日	汉族	2020/02/08	4	一车间	初级
ZY006	李节	男	180224199311026111	1993年11月02日	满族	2015/06/30	9	二车间	中级
ZY007	刘宏明	女	180224200112023684	2001年12月02日	汉族	2023/10/26	0	二车间	初级
ZY008	郑准	男	180224197703010056	1977年03月01日	汉族	1997/11/04	26	一车间	高级
ZY009	孔庙	女	180224197001248621	1970年01月24日	汉族	1991/10/06	32	二车间	高级
ZY010	田七	女	180224198905030045	1989年05月03日	汉族	2011/06/16	13	二车间	中级
ZY011	张大民	女	180224199411233105	1994年11月23日	汉族	2016/09/02	7	二车间	初级
ZY012	蔡延	女	180224199510060029	1995年10月06日	汉族	2017/09/01	6	一车间	初级

图 25-9 “员工基本情况表”打印预览效果图

(2)在“员工工资表”中设置打印区域为:B2:I14,在“视图”选项卡下设置“分页预览”,如图 25-10 所示。

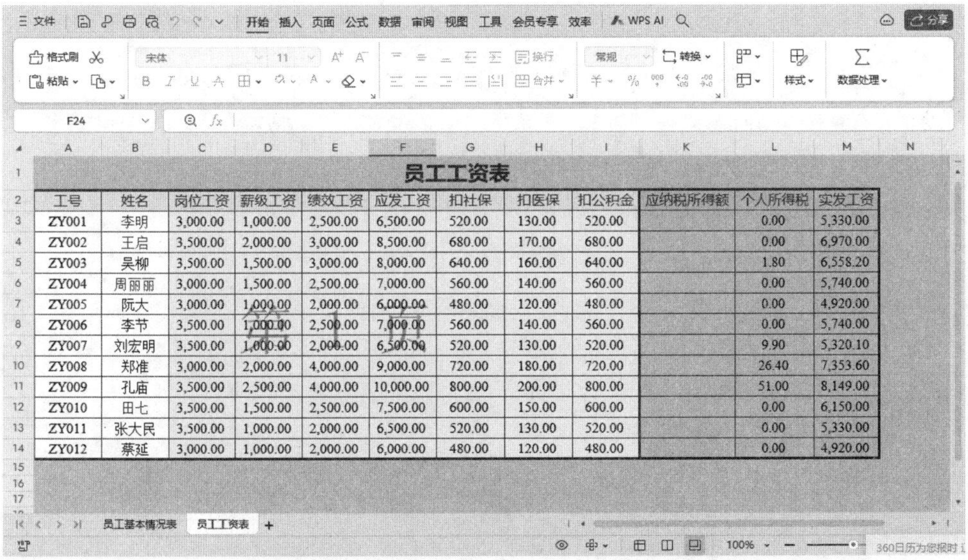

员工工资表

工号	姓名	岗位工资	薪级工资	绩效工资	应发工资	扣社保	扣医保	扣公积金	应纳税所得额	个人所得税	实发工资
ZY001	李明	3,000.00	1,000.00	2,500.00	6,500.00	520.00	130.00	520.00		0.00	5,330.00
ZY002	王启	3,500.00	2,000.00	3,000.00	8,500.00	680.00	170.00	680.00		0.00	6,970.00
ZY003	吴柳	3,500.00	1,500.00	3,000.00	8,000.00	640.00	160.00	640.00		1.80	6,558.20
ZY004	周丽丽	3,000.00	1,500.00	2,500.00	7,000.00	560.00	140.00	560.00		0.00	5,740.00
ZY005	阮大	3,000.00	1,000.00	2,000.00	6,000.00	480.00	120.00	480.00		0.00	4,920.00
ZY006	李节	3,500.00	1,000.00	2,500.00	7,000.00	560.00	140.00	560.00		0.00	5,740.00
ZY007	刘宏明	3,500.00	1,000.00	2,000.00	6,500.00	520.00	130.00	520.00		9.90	5,320.10
ZY008	郑准	3,000.00	2,000.00	4,000.00	9,000.00	720.00	180.00	720.00		26.40	7,353.60
ZY009	孔庙	3,500.00	2,500.00	4,000.00	10,000.00	800.00	200.00	800.00		51.00	8,149.00
ZY010	田七	3,500.00	1,500.00	2,500.00	7,500.00	600.00	150.00	600.00		0.00	6,150.00
ZY011	张大民	3,500.00	1,000.00	2,000.00	6,500.00	520.00	130.00	520.00		0.00	5,330.00
ZY012	蔡延	3,000.00	1,000.00	2,000.00	6,000.00	480.00	120.00	480.00		0.00	4,920.00

图 25-10 “员工工资表”分页预览效果图

质量检查	成绩:
指导教师检查任务完成情况,并对学生提出问题,根据学生实际情况给出建议。	
综合评价及建议	
学生自我评价及反馈	成绩:
根据自己在课堂中实际表现进行自我反思和自我评价。 自我反思和评价:______________	

任务评价表

评价项目	评价标准	配分	得分
数据隐藏	隐藏了工作表和特定单元格内容。	20	
工作表保护	设置了工作簿和工作表的保护,隐藏了公式。	20	
编辑区域	设置了特定单元格可编辑,其余单元格不可修改。	20	
打印设置	设置了打印参数,确保打印效果。	20	
打印区域	设置了打印区域并进行了分页预览。	20	
评价反馈			
任务完成度	□优秀 □良好 □基本完成 □有待提高	总得分	

任务单 26 保护并打印药品销售统计表(选做)

学院名称		专业		姓名	
指导教师		日期		成绩	

任务情景	阳光健康保健医院即将进行药品销售数据的汇总和分析,为此需要制作和打印详细的药品销售统计表。为了确保数据的准确性和便于分享,必须对工作表进行适当的保护和打印设置。本次任务将指导如何通过 WPS 对"药品销售统计表.XLSX"工作簿中的两个工作表进行保护、分页设置和打印配置。
任务目标	(1)设置并调整纸张和页边距以适合打印需求。 (2)对工作表进行保护和分页设置。 (3)确保打印输出的页面布局美观且符合要求。

任务准备	成绩:

(1)确保 WPS Office 已安装并登录。
(2)准备好"药品销售统计表.XLSX"工作簿。
(3)了解页面设置和打印预览的基本操作。
重点和难点:页面设置,打印区域,分页符

制订计划(对应课前内容)	成绩:

根据作业任务目标,完成作业计划描述。

作业项目	完成情况
(1)设置"化学药品和生物制品"工作表的纸张大小和方向,并调整页边距。	
(2)输入页眉和页脚信息,并设置标题行。	
(3)调整行高和列宽,使其打印在两张纸中。	
(4)设置"中成药"工作表的打印区域和缩放设置。	
(5)进行分页预览,插入并删除分页符。	

计划审核	审核情况: 　　　　　　　　　　　　　　　　　　　　　　　　年　　月　　日

计划实施（根据每个任务制定）	成绩：

1.打开"药品销售统计表.XLSX"工作簿对"化学药品和生物制品"工作表做如下操作

(1)设置纸张大小为A4,纸张方向为横向。

(2)设置页边距"上:2厘米,下:2厘米,左:1.8厘米,右:1.8厘米,页眉:1厘米,页脚:1厘米,水平、垂直居中"。

(3)输入右侧页眉"阳光健康保健医院",在页脚中间插入页码,如图26-1、图26-2所示。

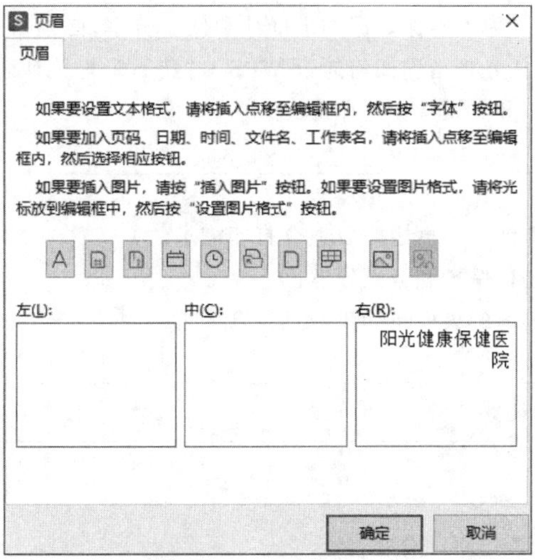

图 26-1 自定义页眉

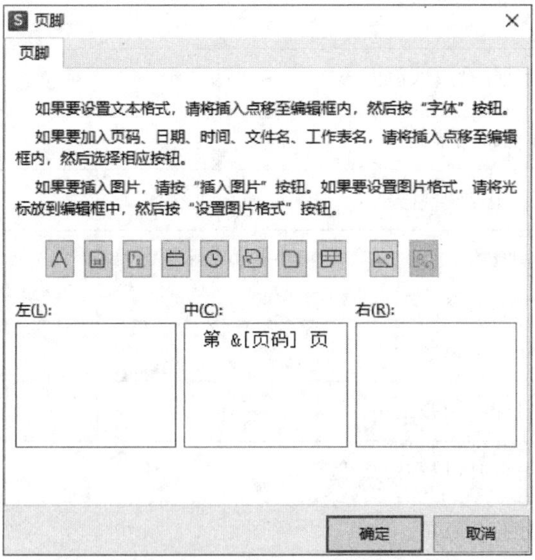

图 26-2 自定义页脚

(4)设置工作表顶端标题行为 1-4 行,如图 26-3 所示。

图 26-3 打印顶端标题行

(5)设置完成后适当的调整行高和列宽,使其打印在两张纸中,具体效果如图 26-4 所示。

阳光健康保健医院

2024年西药药品销售统计表

部门:心血管科   日期:2024年3月31日

序号	药品信息						第一季度销售量			合计	第一季度月平均销量	销售金额	销量排名
	药品编号	药品名称	剂型	规格	单位	零售价格	一月	二月	三月				
1	001020101	青霉素	注射剂	40万单位	瓶(支)	0.54	120	132	150	402.00	134.00	217.08	14
2	001020201	苯唑西林	注射剂	2g	瓶(支)	2.9	210	165	223	598.00	199.33	1728.22	6
3	001020301	氨苄西林	注射剂	1g	瓶(支)	1.8	209	98	110	417.00	139.00	750.60	9
4	001020302	氨苄西林	注射剂	500mg(溶媒结晶)	瓶(支)	2.6	278	339	389	1006.00	335.33	2615.60	5
5	001020401	阿莫西林	胶囊	250mg*24	盒(瓶)	7.4	189	352	92	633.00	211.00	4684.20	3
6	001020402	阿莫西林	片剂	125mg*12	盒(瓶)	2.1	67	161	53	281.00	93.67	586.58	10
7	001020403	阿莫西林	分散片	250mg*18	盒(瓶)	6.8	46	66	89	201.00	67.00	1370.47	7
8	001020501	头孢唑林	注射剂	2g	瓶(支)	5.1	378	324	284	986.00	328.67	5028.60	2
9	001020601	头孢氨苄	片剂	250mg*30	瓶(瓶)	8.0	279	362	176	817.00	272.33	6536.00	1

第 1 页

阳光健康保健医院

2024年西药药品销售统计表

部门:心血管科   日期:2024年3月31日

序号	药品信息						第一季度销售量			合计	第一季度月平均销量	销售金额	销量排名
	药品编号	药品名称	剂型	规格	单位	零售价格	一月	二月	三月				
10	001020602	头孢氨苄	胶囊	500mg*24	盒(瓶)	11.8	128	90	79	297.00	99.00	3504.60	4
11	001020603	头孢氨苄	颗粒剂	125mg	袋	0.21	79	66	83	228.00	76.00	48.59	15
12	001020701	红霉素	肠溶片	125mg*24	盒(瓶)	4.4	92	79	63	234.00	78.00	1029.60	8
13	001020702	红霉素	肠溶胶囊	125mg*12	盒(瓶)	2.5	32	28	41	101.00	33.67	255.25	13
14	001020703	红霉素	注射剂	250mg	瓶(支)	1.3	70	93	74	237.00	79.00	309.19	12
15	001020704	红霉素	软膏剂	100mg:10g	支	1.7	50	79	89	218.00	72.67	370.60	11
合计												29035.18	

主管院长: 科室主任: 制表人:

第 2 页

图 26-4 "化学药品和生物制品"工作表打印预览效果图

2. 打开“药品销售统计表. XLSX”工作簿对“中成药”工作表做如下操作

(1)对工作表 A1:N21 单元格区域设置打印区域,在打印缩放下设置打印在一张工作表中,打印预览如图 26-5 所示。

2024年中药药品销售统计表

部门:心血管科　　　　日期:2024年3月31日

序号	药品信息						第一季度销售量			合计	第一季度月平均销量	销售金额	销量排名
	药品编号	药品名称	剂型	规格	单位	零售价格	一月	二月	三月				
1	001030101	九味羌活丸	蜜丸	9g	丸	0.58	47	73	63	183.00	61.00	106.14	10
2	001030102	九味羌活丸	浓缩丸	3g	袋	0.27	98	35	27	160.00	53.33	43.31	15
3	001030103	九味羌活丸	浓缩丸	9g	袋	0.81	46	51	98	195.00	65.00	158.34	5
4	001030104	九味羌活丸	水丸	6g	袋	0.60	39	49	37	125.00	41.67	75.00	13
5	001030201	九味羌活颗粒	颗粒剂	9g	袋	0.81	48	36	46	130.00	43.33	105.30	11
6	001030301	感冒清热颗粒	颗粒剂	6g	袋	0.53	96	84	38	218.00	72.67	115.54	9
7	001030302	感冒清热颗粒	颗粒剂	6g(无糖)	袋	1.1	24	26	35	85.00	28.33	93.50	12
8	001030401	柴胡注射液	注射剂	2ml	支	0.39	90	64	37	191.00	63.67	74.49	14
9	001030501	银翘解毒丸	蜜丸	9g	丸	0.56	89	63	89	241.00	80.33	134.96	8
10	001030502	银翘解毒丸	水蜜丸	60g	瓶	7.3	114	79	142	335.00	111.67	2444.16	1
11	001030503	银翘解毒丸	浓缩蜜丸	3g	丸	0.59	88	75	76	239.00	79.67	141.01	7
12	001030504	银翘解毒片	片剂	60片(薄膜衣)	盒(瓶)	9.6	65	36	93	194.00	64.67	1857.38	3
13	001030601	防风通圣丸	水丸	6g	袋	0.65	90	64	73	227.00	75.67	147.55	6
14	001030602	防风通圣丸	浓缩丸	200丸	瓶	7.3	74	98	89	261.00	87.00	1905.30	2
15	001030701	防风通圣颗粒	颗粒剂	3g	袋	1.7	63	79	58	200.00	66.67	340.00	4
合计												7741.98	

主管院长:　　　　科室主任:　　　　制表人:

图 26-5 “中成药”工作表打印预览效果图

(2)对设置好打印区域的内容进行分页预览,如图 26-6 所示。

	A	B	C	D	E	F	G	H	I	J	K	L	M	N
1	2024年中药药品销售统计表													
2	部门:心血管科										日期:2024年3月31日			
3	序号	药品信息						第一季度销售量			合计	第一季度月平均销量	销售金额	销量排名
4		药品编号	药品名称	剂型	规格	单位	零售价格	一月	二月	三月				
5	1	001030101	九味羌活丸	蜜丸	9g	丸	0.58	47	73	63	183.00	61.00	106.14	10
6	2	001030102	九味羌活丸	浓缩丸	3g	袋	0.27	98	35	27	160.00	53.33	43.31	15
7	3	001030103	九味羌活丸	浓缩丸	9g	袋	0.81	46	51	98	195.00	65.00	158.34	5
8	4	001030104	九味羌活丸	水丸	6g	袋	0.60	39	49	37	125.00	41.67	75.00	13
9	5	001030201	九味羌活颗粒	颗粒剂	9g	袋	0.81	48	36	46	130.00	43.33	105.30	11
10	6	001030301	感冒清热颗粒	颗粒剂	6g	袋	0.53	96	84	38	218.00	72.67	115.54	9
11	7	001030302	感冒清热颗粒	颗粒剂	6g(无糖)	袋	1.1	24	26	35	85.00	28.33	93.50	12
12	8	001030401	柴胡注射液	注射剂	2ml	支	0.39	90	64	37	191.00	63.67	74.49	14
13	9	001030501	银翘解毒丸	蜜丸	9g	丸	0.56	89	63	89	241.00	80.33	134.96	8
14	10	001030502	银翘解毒丸	水蜜丸	60g	瓶	7.3	114	79	142	335.00	111.67	2444.16	1
15	11	001030503	银翘解毒丸	浓缩蜜丸	3g	丸	0.59	88	75	76	239.00	79.67	141.01	7
16	12	001030504	银翘解毒片	片剂	60片(薄膜衣)	盒(瓶)	9.6	65	36	93	194.00	64.67	1857.38	3
17	13	001030601	防风通圣丸	水丸	6g	袋	0.65	90	64	73	227.00	75.67	147.55	6
18	14	001030602	防风通圣丸	浓缩丸	200丸	瓶	7.3	74	98	89	261.00	87.00	1905.30	2
19	15	001030701	防风通圣颗粒	颗粒剂	3g	袋	1.7	63	79	58	200.00	66.67	340.00	4
20	合计												7741.98	
21	主管院长:					科室主任:					制表人:			
22														

第 1 页

图 26-6 “中成药”工作表分页预览

(3)取消打印区域和打印缩放,选中第 12 行和第 H 列分别插入分页符,进行“分页预览”,如图 26-7 所示。

(4)取消分页预览,选中第 12 行和第 H 列分别删除分页符。

图 26-7 "中成药"插入分页符效果图

质量检查		成绩：
指导教师检查任务完成情况，并对学生提出问题，根据学生实际情况给出建议。		
综合评价及建议		
学生自我评价及反馈		成绩：
根据自己在课堂中实际表现进行自我反思和自我评价。 自我反思和评价：		

任务评价表

评价项目	评价标准	配分	得分
页面设置	纸张大小和方向设置正确。	20	
页边距	页边距和居中设置符合要求。	20	
页眉页脚	页眉和页脚信息输入正确。	20	
打印区域	打印区域和缩放设置正确。	20	
分页预览	分页符设置和预览效果正确。	20	
评价反馈			
任务完成度	□优秀 □良好 □基本完成 □有待提高	总得分	

任务单 27　创建自我介绍演示文稿

学院名称		专业		姓名	
指导教师		日期		成绩	

任务情景	小明是一名新入职的大学生,他需要在 WPS 演示中创建一份自我介绍的演示文稿,用于新学期的班级自我介绍。他希望通过精美的幻灯片展示自己,并且让同学们更好地了解他。
任务目标	(1)创建并保存自我介绍演示文稿,设置基本内容。 (2)美化演示文稿,设置背景和母版。 (3)完成自我介绍幻灯片的设计和排版。

任务准备	成绩:

(1)安装 WPS Office 软件,确保电脑上已安装 WPS Office 软件,并了解其基本使用方法。

(2)准备好自我介绍的文字内容和图片素材。

(3)确保有一个安静、不被打扰的工作环境,预留充足的时间进行任务执行。

重点和难点:幻灯片编辑,设计美化,编辑母版

制订计划(对应课前内容)	成绩:

根据作业任务目标,完成作业计划描述。

作业项目	完成情况
(1)创建并保存一个新的空白演示文稿。	
(2)插入并编辑幻灯片的标题和内容。	
(3)添加图片和艺术字美化幻灯片。	
(4)添加形状和智能图形美化幻灯片。	
(5)设置背景和母版,提高演示文稿的整体美观。	

计划审核	审核情况: 年　月　日

计划实施(根据每个任务制定)	成绩:

任务一:创建自我介绍演示文稿

1.新建并保存演示文稿

(1)启动 WPS 演示,单击"文件"左侧上方的"新建"按钮,然后选择"新建空白演示文稿"。WPS 会自动创建一个空白演示文稿,其默认文档名为"演示文稿 1"。

(2)第一次保存演示文稿时,会打开"另存文件"对话框,在对话框的左侧选择文档的保存位置,在"文件名"编辑框中输入文档的名称"自我介绍"。

创建自我介绍
演示文稿

2.编辑演示文稿

(1)第一张幻灯片:打开"自我介绍"演示文稿,"单击此处添加第一张幻灯片",添加一张"标题幻灯片",在"单击此处添加标题"输入"自我介绍":华文琥珀,80 磅字,"巧克力黄,着色 2,深色 50%",在"单击此处添加副标题"输入班级和姓名,设置华文琥珀,48 磅字,"巧克力黄,着色 2,深色 50%"。

(2)第二张幻灯片:单击"插入"选项卡,在"新建幻灯片"下拉列表中选择"版式"下的"空白"新建一页空白版式幻灯片,插入艺术字"填充-黑色,文本 1,阴影"录入文本"目录"取消加粗,文本填充"巧克力黄,着色 2,深色 50%",华文琥珀,72 磅字。复制"目录",粘贴四次,分别更改文本为"01 02 03 04"设置字号为48 磅,选中四个艺术字设置左对齐,纵向分布。

插入一个三角形,无轮廓,填充颜色"巧克力黄,着色 2,深色 50%",效果为"阴影/外部/右下斜偏移",高0.8 厘米,宽 2.2 厘米。将该三角形复制,粘贴三次,放至 01~04 下方,设置左对齐,纵向分布。

复制"目录",内容改为"基本情况"50 磅,复制"基本",粘贴三次,文本改为:"岗位认识""胜任能力""职业目标"。

具体效果见图 27-1。

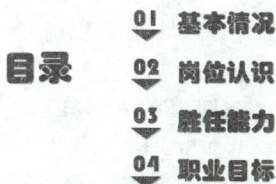

目录　01 基本情况　02 岗位认识　03 胜任能力　04 职业目标

图 27-1　第二张幻灯片

(3)第三张幻灯片:新建"标题和内容"幻灯片,标题输入"一、基本情况"用格式刷复制第二张幻灯片中"基本情况"的格式。在"单击此处添加文本"中单击"插入表格"占位符,插入一个 7 行 4 列的表格,表格样式选择"中色系/中度样式 4-强调 2",设置表格外边框颜色"巧克力黄,着色 2,深色 50%"、粗细 3 磅。表格中的文字设置:微软雅黑,24 号字,加粗。适当调整表格的行高列宽。

具体效果见图 27-2。

一、基本情况

学　历	专科	专　业	计算机应用技术
籍　贯	吉林长春	出生年月	2002年2月
联系方式	12345678901		
邮　箱	E-mail@qq.com		
通讯地址	吉林省长春市高新技术开发区		
所持证书	全国计算机等级二级		
自我评价	本人热情随和,活波开朗,具有进取精神和团队精神,有较强的动手能力。良好协调沟通能力,适应力强,反应快、积极、细心、灵活,具有一定的社会交往能力。		

图 27-2　第三张幻灯片

文字内容可根据学生本人基本情况录入。

(4)第四张幻灯片:新建一张版式为"图片与标题"的幻灯片,"标题"文本框中录入"二、岗位认识",文本设置与"一、基本情况"相同。

单击"图片"占位符插入图片"计算机",设置图片"效果"—"阴影"—"外部"—"右下斜偏移"。

在标题下方的文本框中录入对岗位的认识,文字设置微软雅黑、36磅、加粗,设置文本框"对象属性"下"文字自动调整/形状中的文字自动换行"。

插入"圆角矩形",设置填充色白色,透明度20%,线条颜色"巧克力黄,着色2,深色50%"、宽度3磅。

具体效果见图27-3。

图 27-3　第四张幻灯片

文字内容可根据学生本人基本情况录入。

(5)第五张幻灯片:新建一张版式为"仅标题"的幻灯片,"标题"文本框中录入"三、胜任能力",文本设置与"一、基本情况"相同。

插入"智能图形"/"SmartArt"/"图片"/"蛇形图片块",选择最后一个预设样式,更改颜色"着色3",录入相应图片和文字,文字设置微软雅黑,39磅,加粗。

插入矩形,设置矩形填充颜色"巧克力黄,着色2,深色50%",无轮廓,再复制两个调整大小和位置。

具体效果见图27-4。

图 27-4　第五张幻灯片

文字内容和图片可根据学生本人基本情况录入。

(6)第六张幻灯片:新建一张版式为"仅标题"的幻灯片,"标题"文本框中录入"四、职业目标",文本设置与"一、基本情况"相同。

插入"形状"/"剪头总汇"/"五边形",填充颜色"巧克力黄,着色 2,深色 50%",无轮廓,插入文本"长期职业目标:"白色,微软雅黑,40 磅字。

插入"智能图形"/"SmartArt"/"流程"/"基本流程",选择最后一个预设样式,更改颜色"着色 3",录入相应文字,文字设置微软雅黑,加粗。

插入直线三条直线:轮廓颜色"巧克力黄,着色 2,深色 50%",线型 3 磅。

具体效果见图 27-5。

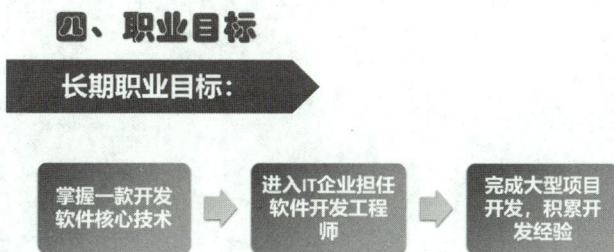

图 27-5　第六张幻灯片

文字内容可根据学生本人基本情况录入。

(7)第七张幻灯片:复制第六张幻灯片,修改"长期职业目标:"为"短期职业目标:",删除"连续块状流程"。

插入"智能图形"/"SmartArt"/"流程"/"步骤上移流程",选择最后一个形状,单击"设计"/"添加项目"/"在前面添加项目"。选择最后一预设样式,更改颜色"着色 3",录入相应文字,文字设置微软雅黑。

具体效果见图 27-6。

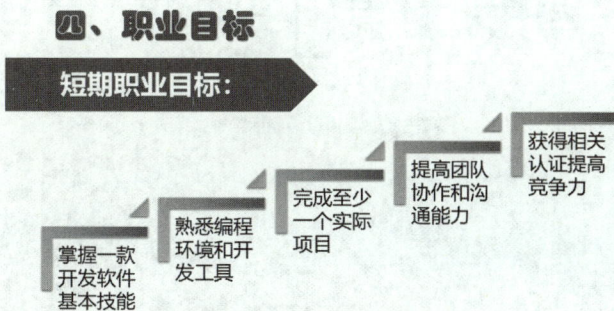

图 27-6　第七张幻灯片

文字内容可根据学生本人基本情况录入。

(8)第八张幻灯片:复制第一张幻灯片,修改"自我介绍"为"谢谢!"。

🌐 **任务二:美化自我介绍演示文稿**

1.设置背景

选择第一张幻灯片,单击"设计"/"背景"/"背景填充"/"图片或纹理填充"/"图片填充",选择本地图片"背景",单击"全部应用"按钮。

美化自我介绍
演示文稿

2.设置母版

(1)单击"设计"/"母版",进入"幻灯片母版"编辑状态,选择"幻灯片标题版式",插入一个"矩形",大小覆盖整个幻灯片,设置填充白色,透明度80%,无轮廓。再插入一个三角形,设置三角形填充白色,无轮廓。调整至图27-7所示位置。

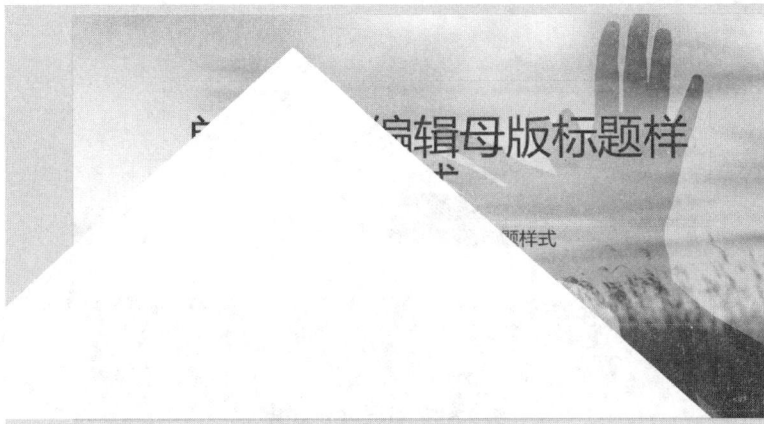

图 27-7 插入三角形

选择矩形,按下"Ctrl"键选择三角形,单击"绘图工具"/"合并形状"/"剪除"。
具体效果见图27-8。

图 27-8 设置母版

(2)选择"空白版式"幻灯片,插入"等腰三角形",设置三角形高度6.5厘米,宽度12.7厘米,旋转90度,无轮廓,选择"颜色"/"更多颜色"调出"颜色"对话框,设置RGB颜色:红色231,绿色166,蓝色103。放置位置:相对于左上角水平位置-3.10厘米,相对于左上角垂直位置0.00厘米。

插入一个"矩形",大小覆盖整个幻灯片,设置填充白色,透明度30%,无轮廓。再插入一个三角形,设置三角形填充白色,无轮廓。选择矩形,按下"Ctrl"键选择三角形,单击"绘图工具"/"合并形状"/"剪除"。

具体效果见图 27-9。

图 27-9　插入三角形

再插入一个三角形,设置三角形填充白色,透明度 30%,无轮廓。三角形高度 12.19 厘米,宽度 25.13 厘米,放置位置:相对于左上角水平位置-4.88 厘米,相对于左上角垂直位置 6.86 厘米。

具体效果见图 27-10。

图 27-10　第二个插入三角形

（3）选择"仅标题版式"、"图片与标题"、"标题和内容"幻灯片，插入矩形，大小与幻灯片大小一致，填充白色，无轮廓，透明度30%。

最终效果如图27-11所示。

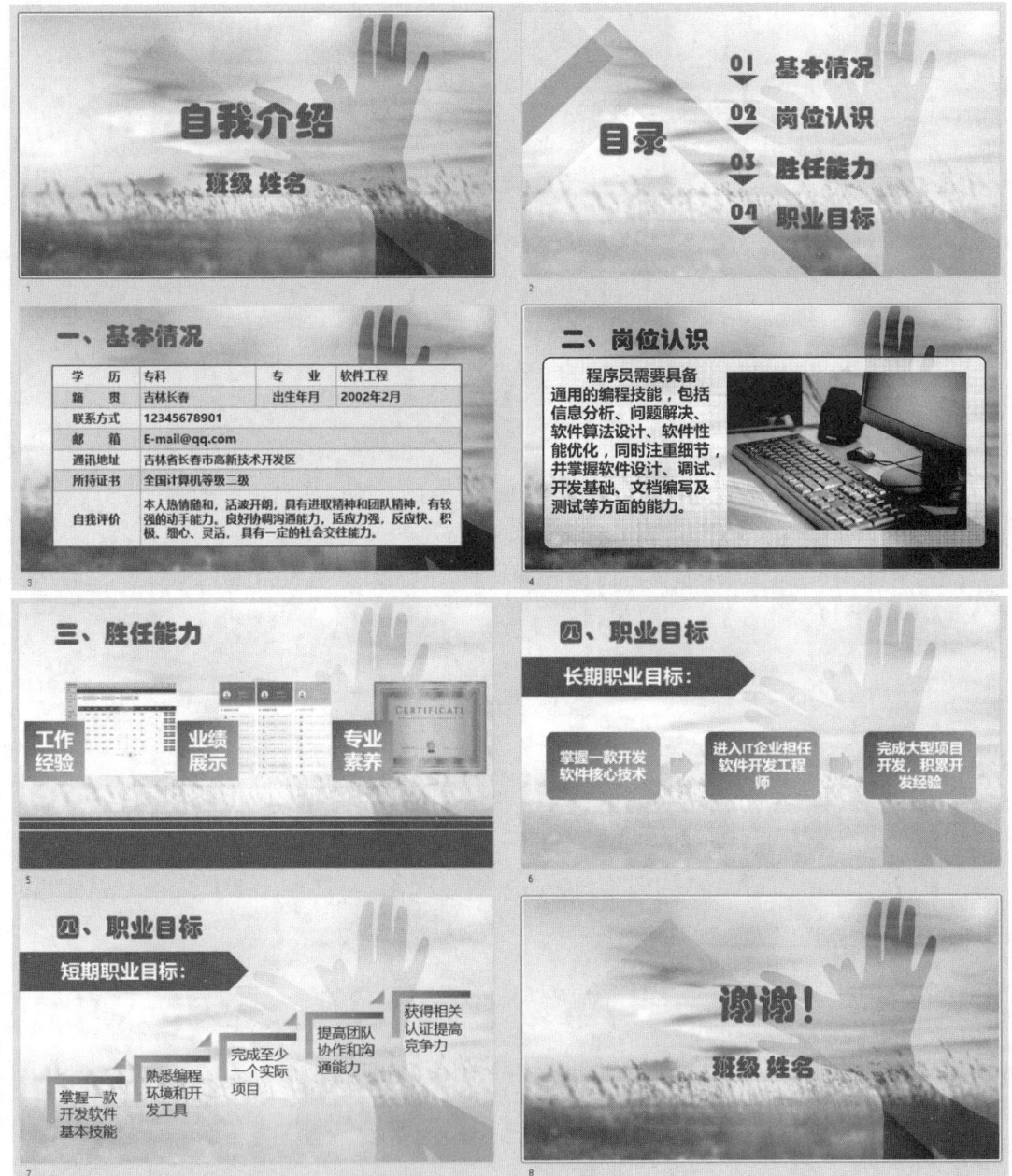

图 27-11　最终效果图

质量检查		成绩:
指导教师检查任务完成情况,并对学生提出问题,根据学生实际情况给出建议。		
综合评价 及建议		
学生自我评价及反馈		成绩:
根据自己在课堂中实际表现进行自我反思和自我评价。 自我反思和评价:_____		

任务评价表

评价项目	评价标准	配分	得分
创建演示文稿	成功创建并保存了自我介绍演示文稿。	10	
编辑内容	编辑并插入了幻灯片的标题和内容。	20	
图片和艺术字	添加了图片和艺术字,提升了视觉效果。	20	
形状和智能图形	添加形状和智能图形美化幻灯片。	20	
背景和母版	设置了背景和母版,使演示文稿更加美观。	30	
评价反馈			
任务完成度	□优秀 □良好 □基本完成 □有待提高	总得分	

任务单 28 创建产品推介会演示文稿(选做)

学院名称		专业		姓名	
指导教师		日期		成绩	

任务情景	公司即将举办一场产品推介会,小李需要制作一份演示文稿,展示公司产品的各个方面,以便在推介会上使用。他需要在 WPS 演示中创建一份详细且美观的产品推介会演示文稿。
任务目标	(1)创建并保存一个新的产品推介会演示文稿,插入必要的标题和内容。 (2)美化演示文稿,设置背景、图片和文本效果。 (3)完成演示文稿的设计和排版,确保逻辑清晰、视觉效果良好。

任务准备	成绩:

(1)安装并打开 WPS Office 软件,确保可以正常使用 WPS 演示。
(2)准备好产品推介会的文字内容和图片素材。
(3)确保有一个安静、不被打扰的工作环境,预留充足的时间进行任务执行。
重点和难点:幻灯片编辑,幻灯片美化,幻灯片版式

制订计划(对应课前内容)	成绩:

根据作业任务目标,完成作业计划描述。

作业项目	完成情况
(1)创建并保存一个新的空白演示文稿。	
(2)插入并编辑幻灯片的标题和内容。	
(3)添加图片和形状美化幻灯片。	
(4)添加图标和智能图形美化幻灯片。	
(5)设置背景和幻灯片版式提高演示文稿的整体美观。	

计划审核	审核情况:
	年　月　日

计划实施(根据每个任务制定)	成绩：

(1)启动 WPS 演示，新建演示文稿"产品推介会"。

(2)第一张幻灯片：添加一张"标题幻灯片"，插入图片"标题"置于底层。在"单击此处添加标题"输入"产品推介会"：微软雅黑，80 磅字，"产品"白色，"推介会"蓝色，在"单击此处添加副标题"输入公司名称。

插入矩形，预设样式"渐变填充—无线条 2"输入文字：演讲者和日期。

具体效果见图 28-1。

图 28-1　第一张幻灯片

(3)第二张幻灯片：空白版式，插入背景图片剪切后放至幻灯片底部，设置阴影效果，插入"按钮"图片，并复制一个，在按钮上输入"目录"设置白色，再复制 5 个放至下方，在每个按钮上插入适合的"图标"，每个按钮下方输入相应文本。

具体效果见图 28-2。

图 28-2　第二张幻灯片

(4)第三张幻灯片：空白版式，插入背景图片。插入按钮图片，在图片上插入图标，按钮下方录入文本"第一部分"，插入形状"圆角矩形"录入文本"公司简介"微软雅黑，36 磅。

具体效果见图 28-3。

图 28-3　第三张幻灯片

(5)第四张幻灯片:空白版式,插入六个"燕尾形"形状,再插入"圆角矩形"输入文字"公司简介",插入"笔记本"图片,在图片上录入公司简介文字,插入图片"公司"设置阴影效果。

具体效果见图28-4。

图 28-4 第四张幻灯片

(6)第五张幻灯片:复制第三张幻灯片,修改相应的文字和图标。

具体效果见图28-5。

图 28-5 第五张幻灯片

(7)第六张幻灯片:复制第四张幻灯片,修改"公司简介"为"产品概述",删除图片和笔记本,添加"电脑"和"平板"两张图片。插入一个矩形,填充白色至灰色的渐变,设置阴影效果,在矩形中录入文字。

具体效果见图28-6。

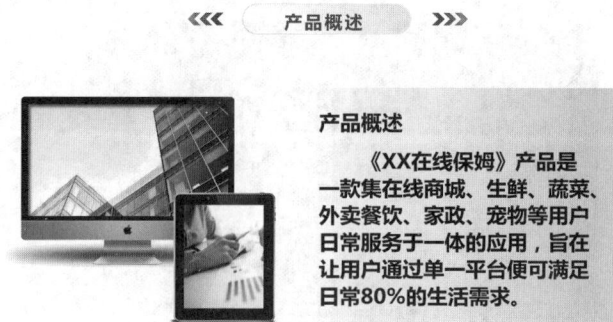

图 28-6 第六张幻灯片

(8)第七张幻灯片:复制第三张幻灯片,修改相应的文字和图标。

具体效果见图 28-7。

图 28-7   第七张幻灯片

(9)第八张幻灯片:复制第四张幻灯片,修改"公司简介"为"产品功能",删除图片和笔记本,插入智能图形"垂直图片重点列表",选择预设样式最后一个,图片添加"按钮",输入文字,添加产品功能图片。

具体效果见图 28-8。

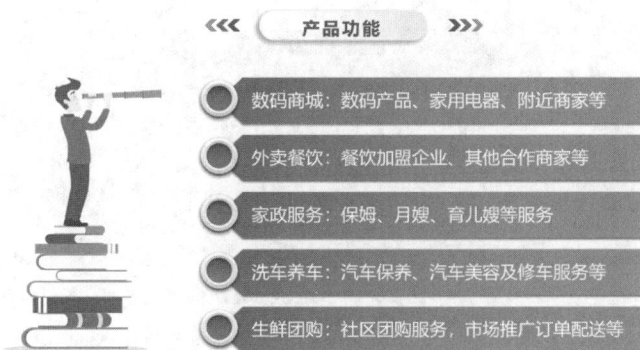

图 28-8   第八张幻灯片

(10)第九张幻灯片:复制第三张幻灯片,修改相应的文字和图标。

具体效果见图 28-9。

图 28-9   第九张幻灯片

(11)第十张幻灯片:复制第四张幻灯片,修改"公司简介"为"产品优势",删除图片和笔记本,插入图片"产品优势",设置图片边框和阴影效果。插入圆角矩形,设置阴影效果,填充蓝色渐变。

渐变设置如图 28-10。

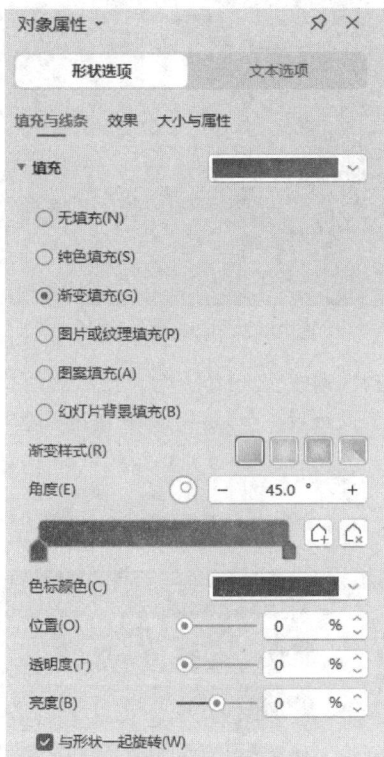

图 28-10　渐变设置

再插入一个圆角矩形,设置阴影效果填充灰白渐变,在第二个圆角矩形中输入文字。

具体效果见图 28-11。

图 28-11　第十张幻灯片

(12)第十一张幻灯片:复制第三张幻灯片,修改相应的文字和图标。

具体效果见图 28-12。

图 28-12　第十一张幻灯片

(13)第十二张幻灯片:复制第四张幻灯片,修改"公司简介"为"应用场景",删除图片和笔记本,插入场景1~场景 4 四张图片,设置图片边框和阴影效果。插入矩形,填充黑色,插入圆形填充颜色用取色器提取背景中的蓝色,再插入一个圆形设置阴影效果,填充白色输入 01,将两个圆形叠放在一起组合后复制三个,下方插入文本框进行场景介绍。

具体效果见图 28-13。

图 28-13　第十二张幻灯片

(14)第十三张幻灯片:复制第一张幻灯片,修改"产品推介会"为"谢谢"。

具体效果见图 28-14。

图 28-14　第十三张幻灯片

质量检查	成绩:
指导教师检查任务完成情况,并对学生提出问题,根据学生实际情况给出建议。	
综合评价 及建议	

学生自我评价及反馈	成绩:
根据自己在课堂中实际表现进行自我反思和自我评价。 自我反思和评价:_____	

任务评价表

评价项目	评价标准	配分	得分
创建演示文稿	成功创建并保存了产品推介会演示文稿。	20	
编辑内容	编辑并插入了幻灯片的标题和内容。	20	
图片和形状	添加了图片和形状,提升了视觉效果。	20	
图标和智能图形美	添加图标和智能图形美化幻灯片。	20	
背景和版式	设置了背景和版式,使演示文稿更加美观。	20	
评价反馈			
任务完成度	□优秀 □良好 □基本完成 □有待提高	总得分	

任务单 29　设置自我介绍演示文稿效果

学院名称		专业		姓名	
指导教师		日期		成绩	

任务情景	小明需要进一步修饰和设置自我介绍演示文稿,包括添加动画效果、设置超链接以及配乐,以便在自我介绍时更加生动和有趣。
任务目标	(1)为演示文稿的各个幻灯片添加合适的动画效果。 (2)设置幻灯片之间的超链接,提高演示文稿的交互性。 (3)为演示文稿添加背景音乐,使演示效果更加生动。

任务准备	成绩:

(1)打开 WPS Office 软件,确保可以正常使用 WPS 演示。
(2)准备好演示文稿中的所有素材,包括图片和音频文件。
(3)熟悉 WPS 演示中的动画、超链接和音频插入功能。
重点和难点:动画效果,超链接设置,背景音乐

制订计划(对应课前内容)	成绩:

根据作业任务目标,完成作业计划描述。

作业项目	完成情况
(1)为各个幻灯片添加合适的动画效果。	
(2)设置超链接,提高幻灯片之间的交互性。	
(3)设置动作按钮,实现各幻灯片之间的任意跳转。	
(4)插入背景音乐,使演示更加生动。	
(5)预览并检查所有幻灯片的动画和超链接效果。	

计划审核	审核情况: 　　　　　　　　　　　　　　　　　　　　　　年　　月　　日

计划实施(根据每个任务制定)	成绩:

任务一:修饰自我介绍演示文稿

1.设置动画效果

(1)第一张幻灯片:打开"自我介绍"演示文稿,设置"自我介绍"进入动画"切入",开始:在上一动画之后,其余默认设置。设置"班级姓名"进入效果"切入",开始:与上一动画同时,方向:"自顶部",其余默认设置。

设置动画效果

(2)第二张幻灯片:设置"目录"进入动画渐变式绽放,开始:在上一动画之后,其余默认设置;将"01 基本情况"和倒三角形组合,进入效果"切入",开始:在上一动画之后,方向:"自顶部",其余默认设置;将"02 岗位认识"和倒三角形组合,选择"01 基本情况",单击"动画"下的"动画刷",再单击"02 岗位认识",进行动画复制,用同样的方法设置"03 胜任能力""04 职业目标"动画。

(3)第三张幻灯片:设置表格的进入动画为温和型"缩放",开始:在上一动画之后,其余默认设置。

(4)第四张幻灯片:设置矩形的进入动画为"擦除",开始:在上一动画之后,方向:自左侧,其余默认设置;设置矩形里的文本框进入动画温和型"颜色打字机",开始:与上一动画同时,延迟:0.5秒,其余默认设置;对矩形里的文本框添加动画,选中文本框,单击动画窗格中的"添加效果",选择强调动画下的"彩色波纹",颜色选择"红色",开始:与上一动画同时,延迟:1秒,其余默认设置;图片的进入动画为"擦除",开始:与上一动画同时,方向:自右侧,延迟:0.5秒,其余默认设置。

(5)第五张幻灯片:选择下方三个矩形设置进入动画为"擦除",开始:第一个设置在上一动画之后,其余设置与上一动画同时,第 1 个和第 3 个矩形方向:自左侧,第 2 个矩形方向:自右侧,其余默认设置;智能图形设置进入动画"切入",开始:在上一动画之后,其余默认设置。

(6)第六张幻灯片:五边形设置进入动画为"擦除",开始:在上一动画之后,方向:自左侧,其余默认设置;智能图形设置进入动画华丽型"线形",开始:与上一动画同时,其余默认设置;再对智能图形设置退出动画华丽型"线形",开始:与上一动画同时,延迟:2秒,其余默认设置。

(7)第七张幻灯片:智能图形设置进入动画"擦除",开始:与上一动画同时,速度:中速(2秒),其余默认设置。

(8)第八张幻灯片:设置"谢谢!"进入动画"切入",开始:在上一动画之后,其余默认设置。设置"班级姓名"进入效果"切入",开始:与上一动画同时,方向:"自顶部",其余默认设置。

2.设置超链接

(1)第二张幻灯片:选择"基本情况"设置超链接,单击"插入"选项卡下的"超链接",在"插入超链接"对话框中选择"本文档中的位置"下的第三张幻灯片,用同样的方法设置"02 岗位认识"、"03 胜任能力"、"04 职业目标"超链接,分别链接到第四张、第五张、第六张幻灯片,如图 29-1 所示。

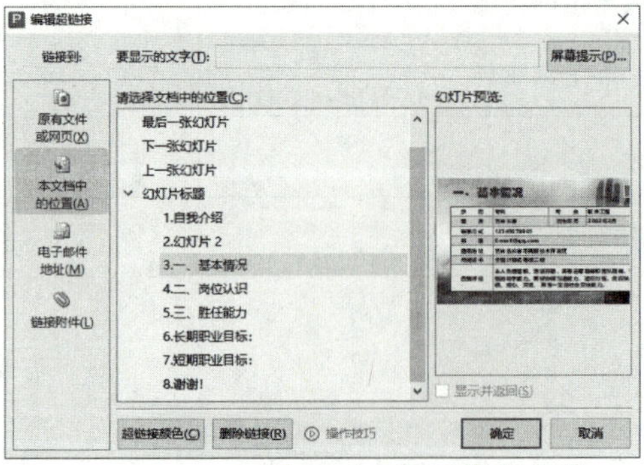

设置动画效果

图 29-1　第二张幻灯片

(2)第三张幻灯片:单击"插入"选项卡下的"形状"/"动作按钮:第一张"。在幻灯片中画出动作按钮,在弹出的"动作设置"对话框中选择"超链接到"/"幻灯片…",在"插入超链接"对话框中选择"本文档中的位置"下的第二张幻灯片。设置动作按钮的预设样式"渐变填充—无线条—2",主题颜色为黄色,设置阴影效果"右下斜偏移",添加1.5磅灰色轮廓。将该按钮放至右上角并进行复制,在第四张、第五张、第六张、第七张幻灯片中进行粘贴,如图29-2所示。

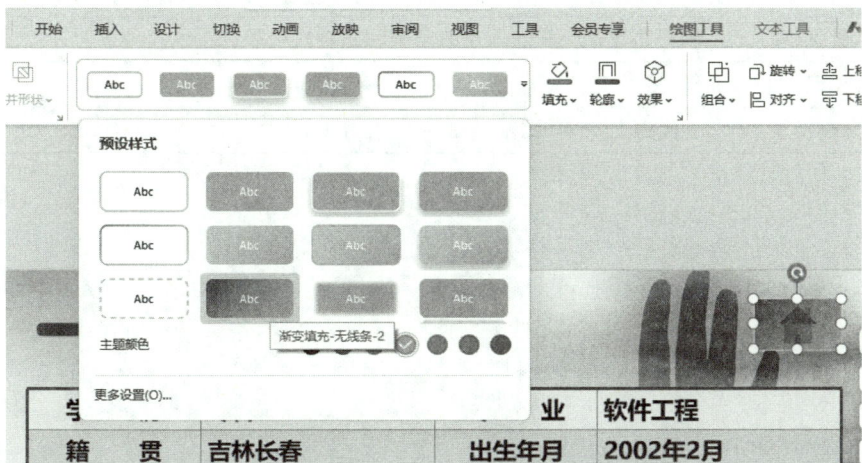

图29-2　第三张幻灯片

🔊 **任务二:自我介绍演示文稿配乐**

选择第一张幻灯片,单击"插入"/"音频"/"嵌入音频"/"背景音乐",单击"音频工具"选项卡下"设为背景音乐",如图29-3所示。

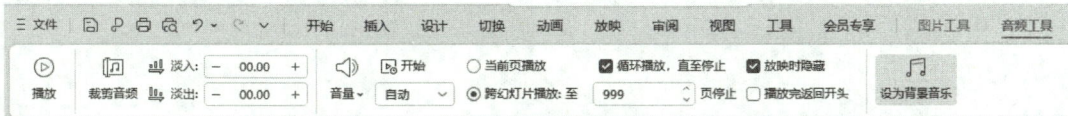

图29-3　设置配乐

质量检查	成绩:
指导教师检查任务完成情况,并对学生提出问题,根据学生实际情况给出建议。	
综合评价及建议	

学生自我评价及反馈	成绩:
根据自己在课堂中实际表现进行自我反思和自我评价。 自我反思和评价:_____	

任务评价表

评价项目	评价标准	配分	得分
动画效果	为所有幻灯片添加了合适的动画效果,动画流畅自然。	30	
超链接设置	设置了正确的超链接,幻灯片之间的切换顺畅。	20	
动作按钮	设置动作按钮,实现各幻灯片之间的任意跳转。	20	
背景音乐	成功插入背景音乐,音效与演示内容契合。	20	
整体效果	预览并检查所有幻灯片的动画和超链接效果。	10	
评价反馈			
任务完成度	□优秀 □良好 □基本完成 □有待提高	总得分	

任务单 30 制作产品推介会演示文稿动画(选做)

学院名称		专业		姓名	
指导教师		日期		成绩	

任务情景	为了即将到来的产品推介会,小王需要制作一份具有吸引力的演示文稿。这份演示文稿不仅要展示公司和产品的关键信息,还需要通过动画效果来增强视觉冲击力和观众的注意力。同时,演示文稿还需要配上背景音乐,以增加演示的感染力和专业性。小王希望通过这一系列的修饰和设置,使整个推介会的演示内容更为生动、引人入胜。
任务目标	(1)为每张幻灯片设置合适的进入动画效果。 (2)确保动画效果流畅衔接,提升演示的整体观感。

任务准备	成绩:

(1)为每张幻灯片设置合适的进入动画效果。
(2)确保动画效果流畅衔接,提升演示的整体观感。
(3)为演示文稿添加背景音乐,增加演示的感染力。
重点和难点:动画设置,动画衔接,背景音乐

制订计划(对应课前内容)	成绩:

根据作业任务目标,完成作业计划描述。

作业项目	完成情况
(1)为所有幻灯片图片图形添加了合适的动画效果。	
(2)为所有幻灯片文本添加了合适的动画效果。	
(3)确保动画效果的流畅衔接。	
(4)为演示文稿添加背景音乐。	
(5)保存并预览修饰后的演示文稿。	

计划审核	审核情况: 年 月 日

计划实施（根据每个任务制定）	成绩：

(1)第一张幻灯片：背景进入动画：上升，快速；"产品推介会"进入动画：挥鞭式，在上一动画之后，非常快；"公司名称"进入动画：压缩，在上一动画之后，0.25秒；"演讲者 日期"进入动画：飞入，与上一动画同时，自右侧，中速。

(2)第二张幻灯片：将该幻灯片中所有按钮与按钮上的文字或者围标进行组合。目录两个按钮设置进入动画为：渐变式缩放，在上一动画之后，非常快；五个小按钮进入动画设置为：切入，在上一动画之后，自顶部，非常快；五个文本框设置进入动画：飞入，与上一动画同时，自底部，非常快。

(3)第三张幻灯片：将按钮与按钮上的图标进行组合，设置进入动画为：飞入，在上一动画之后，自顶部，快速；"第一部分"进入动画：切入，在上一动画之后，自右侧，非常快；"公司简介"进入动画：切入，在上一动画之后，自左侧，非常快。

(4)第四张幻灯片：图片进入动画：渐变式缩放，在上一动画之后，非常快；笔记本图片进入动画：飞入，自右侧，非常快；文字进入动画：颜色打字机，在上一动画之后。

(5)第五张幻灯片：复制第三张幻灯片的动画。

(6)第六张幻灯片：两张图片和矩形均设置进入动画为：擦除，电脑自顶部，平板自底部，矩形自左侧，第一个在上一动画之后，第二个与上一动画同时，非常快；文字进入动画：颜色打字机，在上一动画之后。

(7)第七张幻灯片：复制第三张幻灯片的动画。

(8)第八张幻灯片：图片进入动画：飞入，自左侧，在上一动画之后，非常快；智能图形进入动画：擦除，自左侧，与上一动画同时，非常快。

(9)第九张幻灯片：复制第三张幻灯片的动画。

(10)第十张幻灯片：图片进入动画：飞入，自左侧，在上一动画之后，非常快；两个蓝色渐变矩形设置进入动画：切入，第一个自底部，第二个自顶部，与上一动画同时，非常快；两个白灰渐变矩形设置进入动画：切入，第一个自顶部，第二个自底部，第一个在上一动画之后，第二个与上一动画同时，非常快。

(11)第十一张幻灯片：复制第三张幻灯片的动画。

(12)第十二张幻灯片：四个场景图片设置进入动画：切入，在上一动画之后，自顶部，非常快；黑色矩形设置进入动画：擦除，在上一动画之后，自左侧，非常快；四个圆形设置进入动画：缩放，在上一动画之后，非常快；四个文本框设置进入动画：切入，自顶部，在上一动画之后，非常快。

(13)第十三张幻灯片：复制第一张幻灯片的动画。

(14)选择第一张幻灯片，单击"插入"/"音频"/"嵌入音频"/"背景音乐"，单击"音频工具"选项卡下"设为背景音乐"。

质量检查	成绩：

指导教师检查任务完成情况，并对学生提出问题，根据学生实际情况给出建议。

综合评价及建议	

学生自我评价及反馈	成绩：

根据自己在课堂中实际表现进行自我反思和自我评价。

自我反思和评价：＿＿＿＿＿＿＿＿＿＿＿＿＿＿＿

任务评价表

评价项目	评价标准	配分	得分
图片图形动画效果	为所有幻灯片图片图形添加了合适的动画效果,动画过渡自然。	30	
文本动画效果	为所有幻灯片文本添加了合适的动画效果,文字动画流畅自然。	30	
背景音乐	成功插入背景音乐,音效与演示内容契合。	20	
整体效果	预览并检查了所有幻灯片,确保效果良好。	10	
文件保存	成功保存并备份了修饰后的演示文稿。	10	
评价反馈			
任务完成度	□优秀 □良好 □基本完成 □有待提高	总得分	

任务单 31　放映自我介绍演示文稿

学院名称		专业		姓名	
指导教师		日期		成绩	

任务情景	小明为了让自我介绍更具吸引力和互动性,他决定制作一个自动播放的演示文稿。小张希望通过设置幻灯片切换效果和排练计时,让演示文稿能够自动播放,并最终输出为视频文件,以便更好地展示自己的风采和特点。
任务目标	(1)设置演示文稿的幻灯片切换效果。 (2)完成演示文稿的排练计时。 (3)输出演示文稿为视频文件。

任务准备	成绩:

(1)打开 WPS Office 软件,确保可以正常使用 WPS 演示。
(2)准备好自我介绍演示文稿的所有素材和内容。
(3)熟悉 WPS 演示中的幻灯片切换效果和排练计时功能。
重点和难点:幻灯片切换,排练计时,视频输出

制订计划(对应课前内容)	成绩:

根据作业任务目标,完成作业计划描述。

作业项目	完成情况
(1)为各张幻灯片设置切换效果。	
(2)完成演示文稿的排练计时。	
(3)调整幻灯片切换时长。	
(4)保存并输出为 WEBM 格式的视频文件。	
(5)检查视频文件的播放效果。	

计划审核	审核情况: 年　　月　　日

计划实施（根据每个任务制定）	成绩：

任务一：自我介绍演示文稿的自动播放

1.幻灯片切换

（1）打开"自我介绍"演示文稿，选择第一张幻灯片，单击"切换"选项卡下的"页面卷曲"，如图31-1所示。

放映自我介绍演示文稿

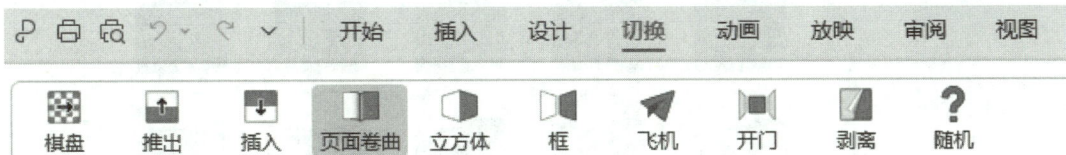

图31-1　页面卷曲

（2）第二张幻灯片设置"开门"切换效果。

（3）第三至第六张幻灯片设置"推出"切换效果。

（4）第八张幻灯片设置"飞机"切换效果。

2.排练计时

单击"放映"选项卡下的"排练计时"/"排练全部"，设置幻灯片切换时长，设置完成后为"幻灯片浏览"模式，可在"视图"选项卡下切换成"普通"模式，如图31-2所示。

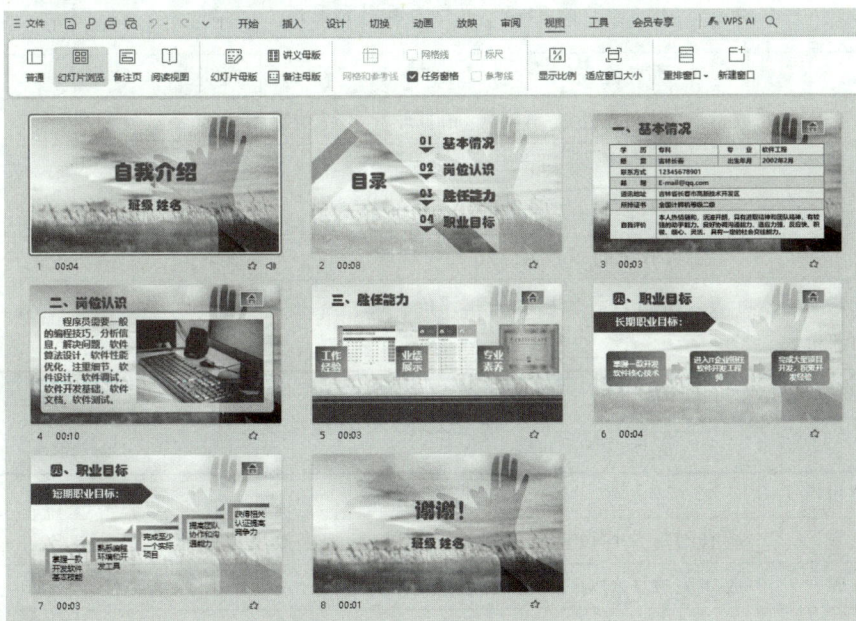

图31-2　"幻灯片浏览"模式

任务二:自我介绍演示文稿的输出

单击文件菜单,选择另存为下的输出为视频,生成格式为 WEBM 的视频,文件夹中包含播放说明,还可以通过"格式工厂"等软件转换成常用的 MP4 等视频格式,如图 31-3 所示。

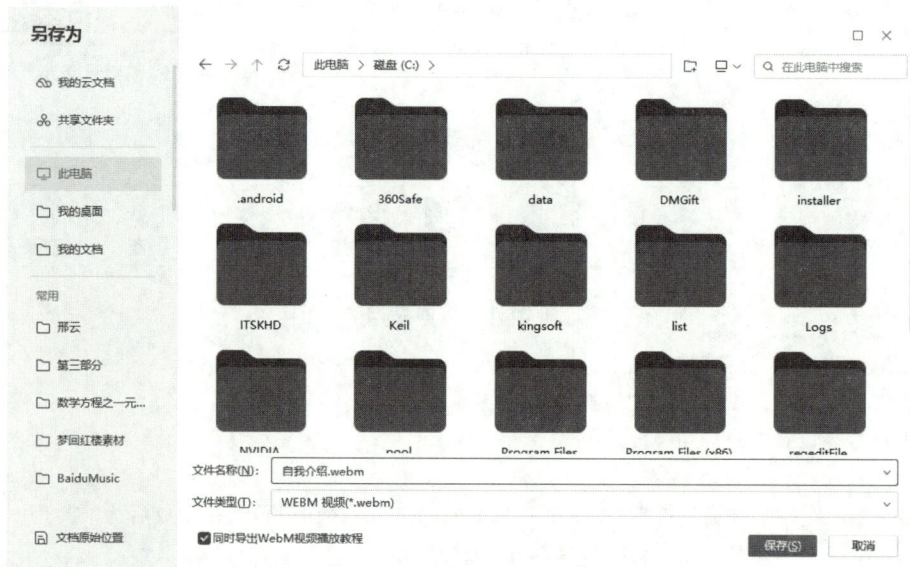

图 31-3　另存为输出为视频

质量检查	成绩:
指导教师检查任务完成情况,并对学生提出问题,根据学生实际情况给出建议。	
综合评价及建议	
学生自我评价及反馈	成绩:
根据自己在课堂中实际表现进行自我反思和自我评价。 自我反思和评价:_____	

任务评价表

评价项目	评价标准	配分	得分
切换效果	所有幻灯片均设置了合适的切换效果,切换效果自然流畅。	20	
排练计时	成功完成了幻灯片的排练计时,切换时长合适。	30	
视频输出	演示文稿成功输出为 WEBM 格式的视频文件。	30	
播放效果	视频播放效果良好,无卡顿或异常。	20	
评价反馈			
任务完成度	□优秀 □良好 □基本完成 □有待提高	总得分	

任务单 32 放映产品推介会演示文稿(选做)

学院名称		专业		姓名	
指导教师		日期		成绩	

任务情景	公司即将举行一场重要的产品推介会,需要通过制作精美的演示文稿来展示公司的产品和服务。为了确保推介会的顺利进行,必须将"产品推介会"演示文稿进行切换效果设置、视频制作、文件夹打包以及文档加密等操作,并在放映过程中利用备注功能提升演讲效果。本次任务将指导完成这些操作。
任务目标	(1)设置幻灯片的切换效果和自动换片时间。 (2)将演示文稿制作成视频并打包成文件夹。 (3)为演示文稿进行文档加密保护。

任务准备	成绩:

(1)确保 WPS Office 已安装并登录。
(2)准备好"产品推介会"演示文稿。
(3)了解基本的幻灯片操作和文档加密设置。
重点和难点:幻灯片切换,文档加密,演讲者视图

制订计划(对应课前内容)	成绩:

根据作业任务目标,完成作业计划描述。

作业项目	完成情况
(1)设置第一张幻灯片的切换效果和自动换片时间。	
(2)将演示文稿制作成视频。	
(3)将演示文稿打包成文件夹。	
(4)为演示文稿进行文档加密保护。	
(5)为每页 PPT 添加备注,并使用演讲者视图进行播放。	

计划审核	审核情况: 年　月　日

计划实施(根据每个任务制定)	成绩:

(1)打开"产品推介会"演示文稿,设置第一张幻灯片切换效果为:推出,取消"单击鼠标时换片",选择"自动换片",时间为:00:00,单击应用到全部,如图32-1所示。

图 32-1　切换效果

(2)将"产品推介会"演示文稿做成视频,如图32-2所示。

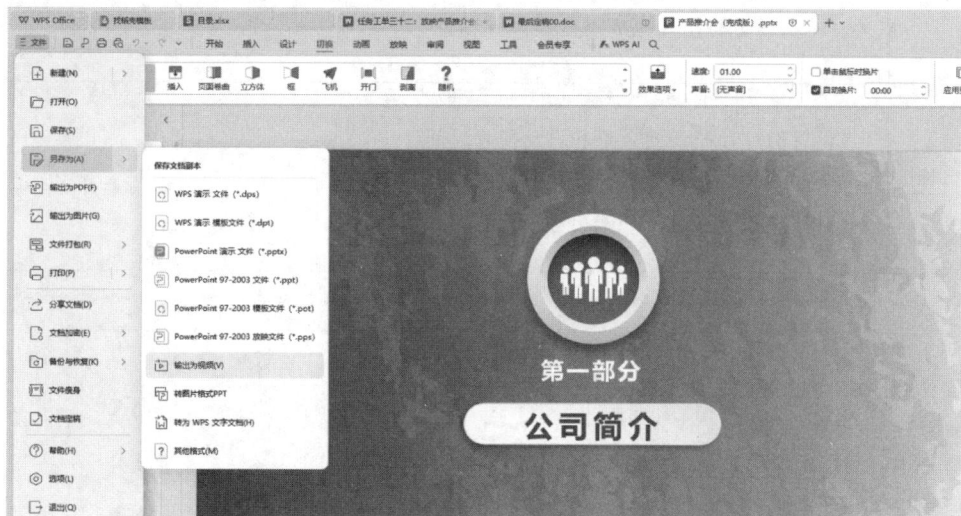

图 32-2　输出的视频

(3)将"产品推介会"打包成文件夹,如图32-3所示。

图 32-3　文件打包

(4)将"产品推介会"进行文档加密,开启文档加密保护只有用户本人微信登录 WPS 才能打开文档,其他账号登录将无法打开文档,如图 32-4 所示。

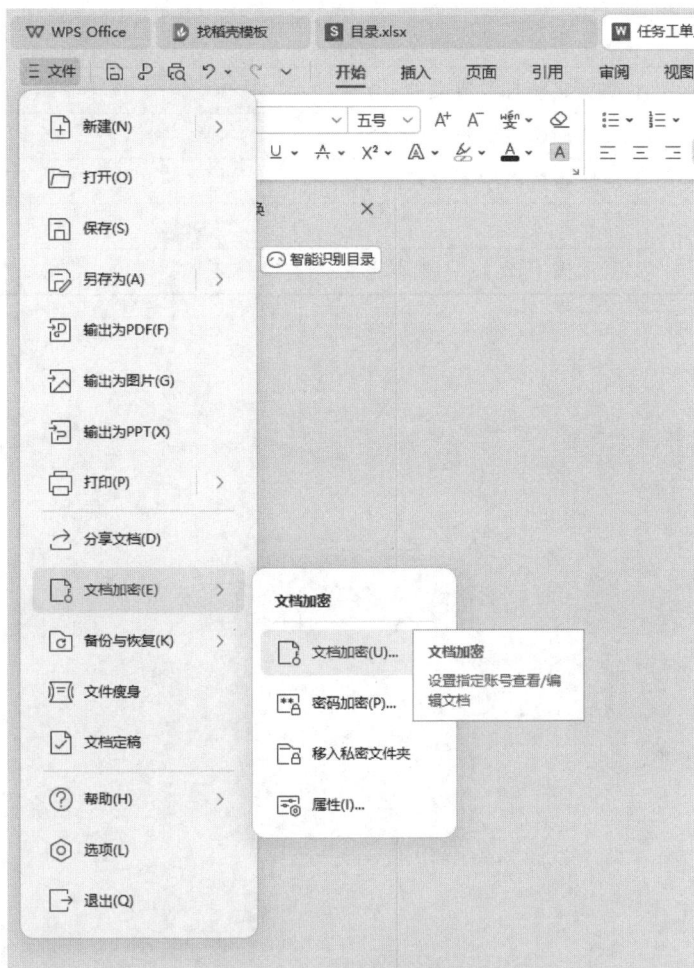

图 32-4　文档加密

(5)为"产品推介会"每页 PPT 添加适当的备注,使用"放映"选项卡下的"演讲者视图"进行播放,体会幻灯片中备注的作用。

质量检查	成绩:
指导教师检查任务完成情况,并对学生提出问题,根据学生实际情况给出建议。	

综合评价 及建议	

学生自我评价及反馈	成绩:
根据自己在课堂中实际表现进行自我反思和自我评价。 自我反思和评价:＿＿＿＿＿＿＿＿＿＿＿＿＿＿＿＿	

任务评价表

评价项目	评价标准	配分	得分
切换效果	切换效果和自动换片时间设置正确。	20	
视频制作	成功将演示文稿制作成视频。	20	
文件夹打包	演示文稿打包成文件夹。	20	
文档加密	文档加密设置正确。	20	
备注使用	演讲者视图中备注使用恰当。	20	
评价反馈			
任务完成度	□优秀 □良好 □基本完成 □有待提高	总得分	

任务单 33　制作召开公司宣传方案会议通知

学院名称		专业		姓名	
指导教师		日期		成绩	

任务情景	为了提升公司的整体形象和品牌影响力,公司决定召开一次宣传方案会议,并通过会议通知告知各部门。小李作为会议的组织者,需要用手机 WPS 编辑会议通知,确保通知内容清晰、格式规范,并便于各部门阅读和执行。小李需要在会议通知中进行多项格式调整,包括标题、段落、自动编号、项目符号等,同时需要将编辑完成的文件保存为 PDF 格式,确保在会议前及时分发给相关人员。
任务目标	(1)设置会议通知的标题和段落格式。 (2)插入自动编号和项目符号。 (3)保存文件并输出为 PDF 格式。

任务准备	成绩:

(1)手机上安装并登录 WPS Office 应用。
(2)准备好"公司宣传方案会议通知"的初始文件。
(3)熟悉 WPS Office 的基本操作和功能。
重点和难点:用手机 WPS 文字进行字体段落设置,自动编号,文件输出

制订计划(对应课前内容)	成绩:

根据作业任务目标,完成作业计划描述。

作业项目	完成情况
(1)用手机 WPS 文字设置文本字体、字号、加粗、对齐方式。	
(2)用手机 WPS 文字进行段落设置。	
(3)用手机 WPS 文字插入项目编号和项目符号。	
(4)用手机 WPS 文字进行页面设置。	
(5)用手机 WPS 文字输出 PDF 文件。	

计划审核	审核情况: 年　月　日

计划实施(根据每个任务制定)	成绩:

用手机 WPS 打开"公司宣传方案会议通知",单击左上角"编辑"按钮,进入编辑状态。

设置第一自然段标题宋体,加粗,小二号字,居中对齐,如图 33-1 所示。

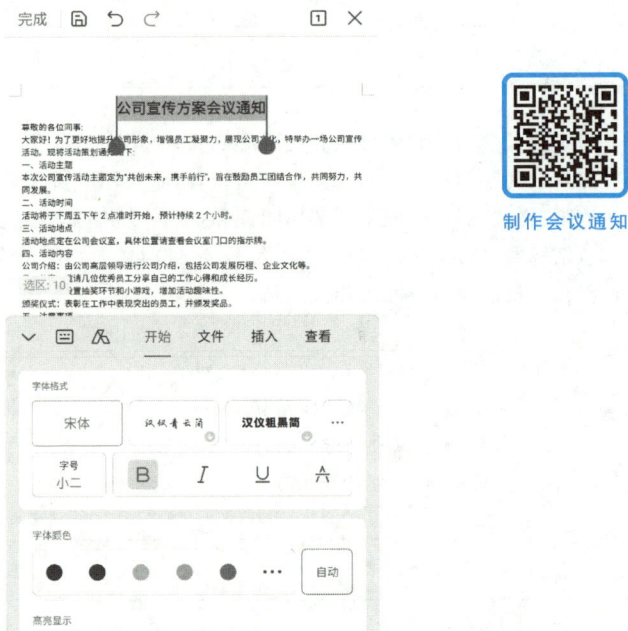

制作会议通知

图 33-1 居中对齐

选择除第一自然段所有文字,设置四号字,如图 33-2 所示。

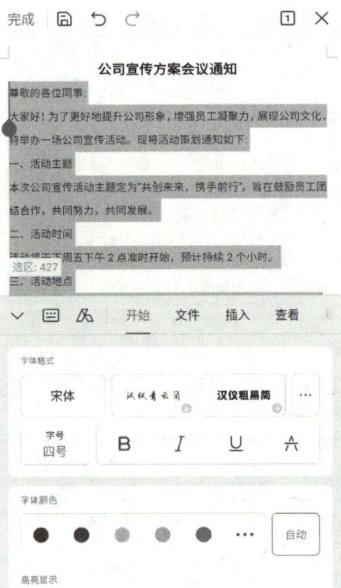

图 33-2 设置字号

选择"大家好！为了更好地提升公司形象……此致"单击工具按钮下"开始"/"段落布局"手动调整首先缩进 0.99 厘米，如图 33-3 所示。

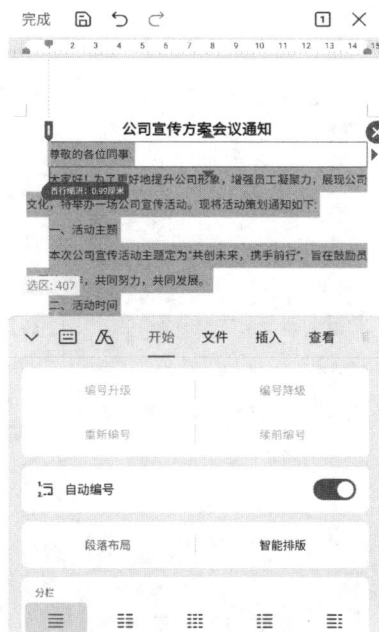

图 33-3　调整缩进

对"活动主题、活动时间、活动地点、活动内容、注意事项"进行加粗设置，如图 33-4 所示。

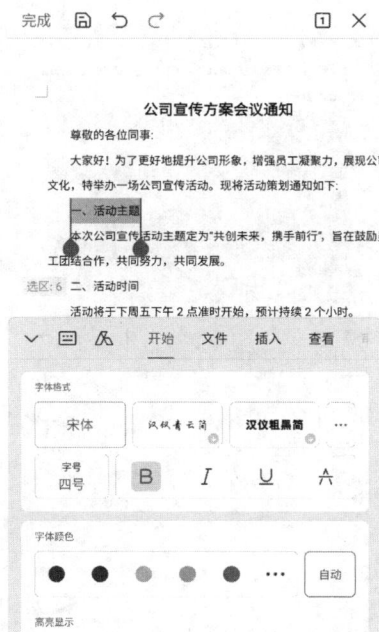

图 33-4　字体加粗

将最后两个自然段进行右对齐,如图 33-5 所示。

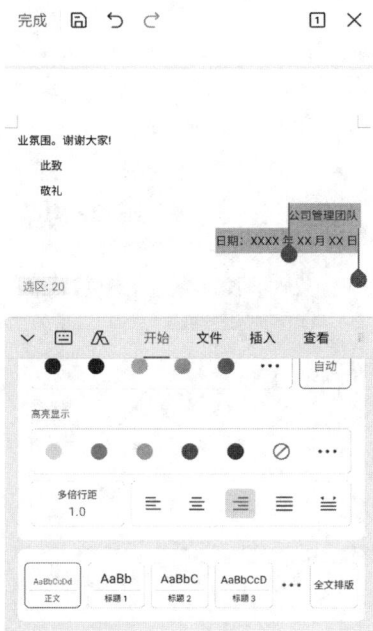

图 33-5　段落对齐

选择"公司介绍……颁奖仪式:表彰在工作中表现突出的员工,并颁发奖品。"插入自动编号 1.2.3.……,
如图 33-6 所示。

图 33-6　插入自动编号

选择"请各部门提前安排好人员参加活动,确保全员参与……共同营造良好的企业氛围。谢谢大家!"插入项目符号五角星,如图33-7所示。

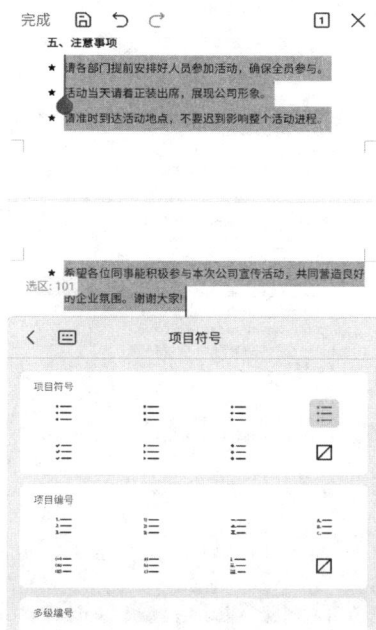

图33-7 插入项目符号

选择工具按钮下"查看"/"页面设置"上下左右页边距:1厘米,其余为默认设置,如图33-8所示。

图33-8 设置页边距

单击"保存"按钮,保存在 WPS 云文档,再次单击"文件"菜单,"输出为 PDF"保存在 WPS 云文档,如图 33-9 所示。

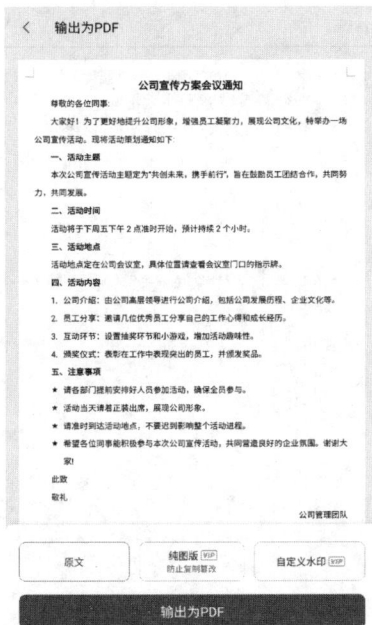

图 33-9　输出为 PDF

最终效果如图 33-10 所示。

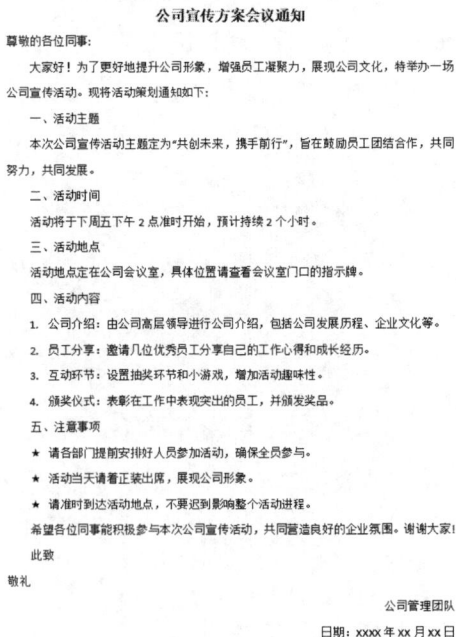

图 33-10　最终效果图

质量检查	成绩:
指导教师检查任务完成情况,并对学生提出问题,根据学生实际情况给出建议。	
综合评价 及建议	
学生自我评价及反馈	成绩:
根据自己在课堂中实际表现进行自我反思和自我评价。 自我反思和评价:_____	

任务评价表

评价项目	评价标准	配分	得分
字体格式	用手机 WPS 文字设置文本字体、字号、加粗、对齐方式。	20	
段落格式	用手机 WPS 文字进行段落设置。	20	
项目编号和项目符号	用手机 WPS 文字插入项目编号和项目符号。	20	
页面设置	用手机 WPS 文字进行页面设置。	20	
文件输出	用手机 WPS 文字输出 PDF 文件。	20	
评价反馈			
任务完成度	□优秀 □良好 □基本完成 □有待提高	总得分	

任务单 34　制作公司招聘费用预算表

学院名称		专业		姓名	
指导教师		日期		成绩	

任务情景	公司计划进行大规模招聘活动,需要详细的费用预算表以确保活动顺利进行并控制成本。小王负责制作此次招聘活动的费用预算表。他需要使用手机 WPS 应用进行表格创建、格式设置和数据录入等操作。小王不仅要确保表格内容准确,还需进行格式美化和数据计算,最终保存并分享给相关部门,以确保各项费用合理分配和审核。
任务目标	(1)创建并设置招聘费用预算表的格式。 (2)输入并调整表格数据和格式。 (3)进行费用合计计算并分享表格。

任务准备	成绩:

(1)手机上安装并登录 WPS Office 应用。
(2)准备好"招聘费用预算表"的初始数据。
(3)熟悉 WPS Office 的基本操作和功能。
重点和难点:格式调整,数据计算,文件分享

制订计划(对应课前内容)	成绩:

根据作业任务目标,完成作业计划描述。

作业项目	完成情况
(1)用手机 WPS 新建并编辑表格。	
(2)输入招聘费用预算表的内容。	
(3)调整行高、列宽及文字格式。	
(4)使用函数计算合计费用。	
(5)保存表格并分享至微信。	

计划审核	审核情况: 　　　　　　　　　　　　　　　　　　　年　　月　　日

计划实施(根据每个任务制定)	成绩:

打开手机 WPS,单击右下角红色加号新建表格,单击"空白表格",完成表格的创建,如图 34-1 所示。

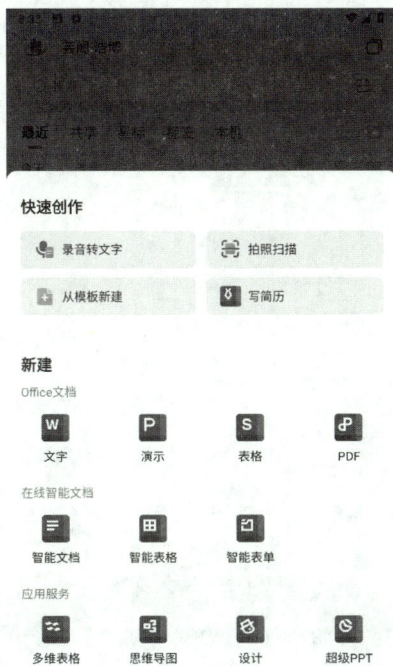

图 34-1　表格创建

如图 34-2 所示,输入以下文本:

A1:招聘费用预算表

A2:招聘时间

A3:招聘地点

A4:负责部门

A5:具体负责人

A6:招聘费用预算

A7:序号;B7:项目;D7:预算金额(元)

B8:企事业宣传海报及广告制作费

B9:招聘场地租用费

B10:会议室租用费

B11:交通费

B12:食宿费

B13:招聘资料复印打印费

A14:合计

A15:预算审核人(签字):

C15:公司主管领导审批(签字):

A16:制表人:　　　　制表日期:　　年　　月　　日

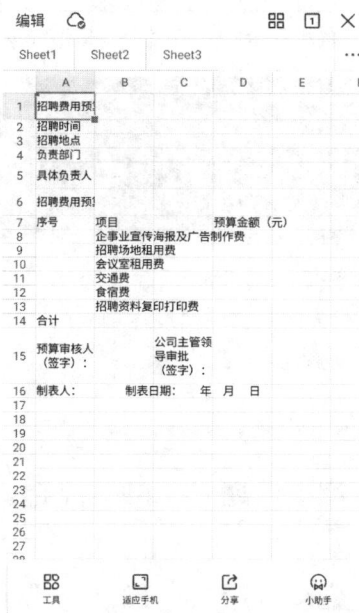

图 34-2　输入文本

如图 34-3 所示，单击工具按钮，选择"开始"下的"合并单元格"。选择 A1:D1 合并单元格；B2:D2 合并单元格；B3:D3 合并单元格；B4:D4 合并单元格；B5:D5 合并单元格；A6:D6 合并单元格；B7:C7 合并单元格；B8:C8 合并单元格；B9:C9 合并单元格；B10:C10 合并单元格；B11:C11 合并单元格；B12:C12 合并单元格；B13:C13 合并单元格；A14:C14 合并单元格；A16:D16 合并单元格。

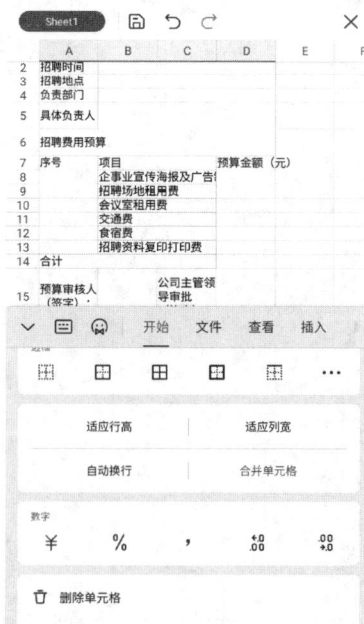

图 34-3　合并单元格

手动调整相应的行高和列宽。

设置标题 20 磅字,加粗,其余文字设置 12 磅,设置文字对齐方式,如图 34-4 所示。

图 34-4　设置文字对齐方式

使用填充句柄填充序号列,并进行居中对齐,如图 34-5 所示。

图 34-5　居中对齐

选择 A2:D16 单元格区域加边框线,如图 34-6 所示。

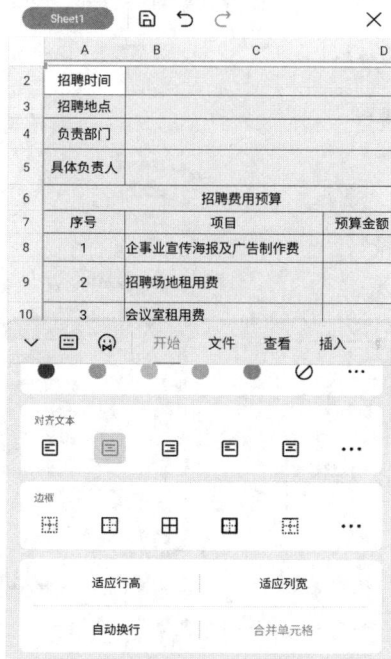

图 34-6　加边框线

选择 D14 单元格,单击工具按钮下的"插入"/"函数"/"常用函数"/"SUM",直接手动选择参数 D8:D13,单击绿色的"对号"确认输入,如图 34-7 所示。

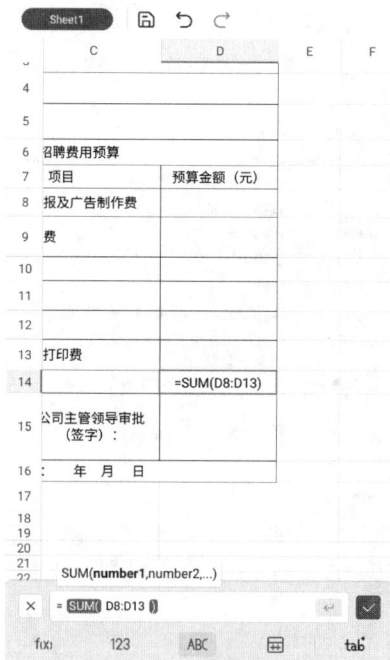

图 34-7　选择参数

单击"保存"按钮,把表格保存在云文档中,命名为"招聘费用预算表"。单击工具按钮下的"文件",选择"分享与发送"后的微信,选择最后一个按钮"以文件发送",发送至微信下的文件传输助手中。具体效果如图34-8所示。

图 34-8　发送文件

质量检查		成绩:
指导教师检查任务完成情况,并对学生提出问题,根据学生实际情况给出建议。		
综合评价及建议		
学生自我评价及反馈		成绩:
根据自己在课堂中实际表现进行自我反思和自我评价。 自我反思和评价:_____		

任务评价表

评价项目	评价标准	配分	得分
文本录入	使用手机 WPS 创建表格并输入相应内容。	20	
表格格式	使用手机 WPS 进行表格及文本的格式化操作。	20	
自动填充	序号列使用填充句柄填充并居中对齐。	20	
费用计算	合计费用使用 SUM 函数计算,结果正确。	20	
文件保存与分享	表格保存在云文档中并成功分享至微信。	20	
评价反馈			
任务完成度	□优秀 □良好 □基本完成 □有待提高	总得分	

任务单 35 制作公司宣传方案演示文稿

学院名称		专业		姓名	
指导教师		日期		成绩	

任务情景	公司即将举办一场大型产品宣传会,需要制作一份专业且富有吸引力的宣传演示文稿。该演示文稿将用于展示公司的背景、业务方向、公司宗旨和企业目标,旨在提升公司形象并吸引潜在客户和合作伙伴。李华作为公司的宣传专员,需要使用手机 WPS 应用来创建并美化这份演示文稿,确保其内容丰富且视觉效果出色。李华需要合理利用 WPS 的各种功能,包括插入图片、设置背景、调整文本格式和应用切换效果,以完成这项任务。
任务目标	(1)创建并编辑公司宣传方案演示文稿。 (2)设置幻灯片的背景图片及背景音乐。 (3)设置各幻灯片的切换效果。

任务准备	成绩:
(1)手机上安装并登录 WPS Office 应用。 (2)准备好所需的图片、文本和音乐素材。 (3)熟悉 WPS Office 的基本操作和功能。 重点和难点:格式调整,背景音乐,切换效果	

制订计划(对应课前内容)	成绩:
根据作业任务目标,完成作业计划描述。	

作业项目	完成情况
(1)用手机 WPS 新建并编辑演示文稿。	
(2)设置背景图片和背景音乐。	
(3)插入并设置图片和文本格式。	
(4)应用适当的幻灯片切换效果。	
(5)保存并分享演示文稿。	

计划审核	审核情况: 年　月　日

计划实施(根据每个任务制定)	成绩:

(1)打开手机 WPS,单击右下角红色加号新建演示,单击"空白演示",完成演示文稿的创建,如图 35-1 所示。

制作公司宣传演示文稿

图 35-1　创建文档

(2)第一张幻灯片:选择工具下的"插入"/"系统相册"下的"封面背景"直接插入图片,在工具下的"插入"/"背景音乐"下的播放软件中选择"背景音乐",选择工具下的"插入"/"文本框"下的"默认",单击文本框编辑文字,输入"公司宣传方案"选择一款免费字体,60 磅,加粗,白色,居中。将机器人 1 和机器人 2 两张图片插入到幻灯片,调整大小和位置,在插入文本框输入"公司名称:科技公司 日期:2024 年 7 月 1 日",选择一款免费字体,1.5 倍行距,32 磅,加粗,白色,居中。设置幻灯片切换效果:纽带。

具体效果如图 35-2 所示。

图 35-2　第一张幻灯片

(3)第二张幻灯片:选择"插入"下的"幻灯片",选择"基础版式"下的"空白"版式。单击"设计"/"图片背景"下的"图片",选择"系统相册"下的"正文背景",单击"直接插入"/"裁剪"完成背景图片设置。插入两个文本框,第一个输入"公司介绍",第二个输入"科技发展有限公司是一家专业从事嵌入式工业计算机及自动化控制系统设计、开发、销售的高科技公司。公司继承了自控领域的经验,融入当今先进的工业计算机技术,在自动化控制及嵌入式计算机系统领域取得了骄人的业绩,成为在该领域具有较强影响力的公司。"最后插入一张"机器人3图片"。设置幻灯片切换效果:碎片。

具体效果如图35-3所示。

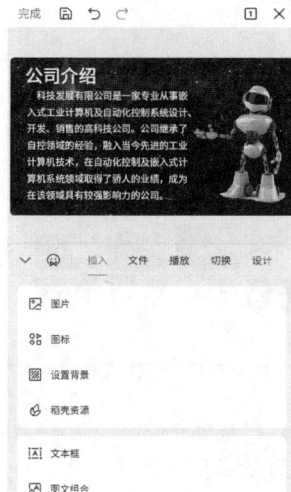

图35-3　第二张幻灯片

(4)第三张幻灯片:单击手机下方的第二张幻灯片,在弹出的菜单中选择"复制",在单击一次第二张幻灯片选择"粘贴"。删除"机器人3"图片,插入"电脑"图片,把"公司介绍"改成"业务方向",将正文部分改成"1.承接自动化工程 2.提供嵌入式电脑系统解决方案 3.提供各规格工业电脑及周边产品"。设置幻灯片切换效果:分割。

具体效果如图35-4所示。

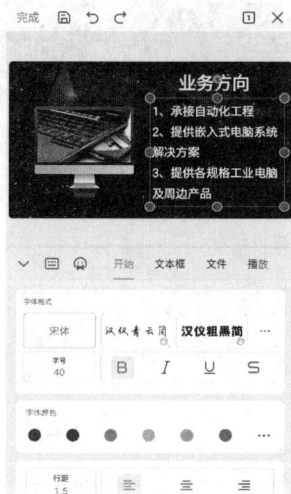

图35-4　第三张幻灯片

(5)第四张幻灯片:单击手机下方的第三张幻灯片,在弹出的菜单中选择"复制",在单击一次第三张幻灯片选择"粘贴"。删除"电脑"图片,插入"城市"图片,把"业务方向"改成"公司宗旨",将正文部分改成"专业是基础,服务是保证,质量是信誉"。设置幻灯片切换效果:跌落。

具体效果如图 35-5 所示。

图 35-5 第四张幻灯片

(6)第五张幻灯片:单击手机下方的第四张幻灯片,在弹出的菜单中选择"复制",在单击一次第四张幻灯片选择"粘贴"。删除"公司"图片,插入"手机"图片,把"公司宗旨"改成"企业目标",将正文部分改成"专业、诚信、优秀的产品供应商客户信赖的、首选的品牌供应商"。再插入两个文本框,分别录入文字"经营理念"和"专业、诚信、值得信赖"。设置幻灯片切换效果:库。

具体效果如图 35-6 所示。

图 35-6 第五张幻灯片

(7)第六张幻灯片:单击手机下方的第一张幻灯片,在弹出的菜单中选择"复制",在单击最后一张幻灯片选择"粘贴",修改"公司宣传方案"为"谢谢观看",删除背景音乐。设置幻灯片切换效果:轨道。
具体效果如图 35-7 所示。

图 35-7 第六张幻灯片

质量检查	成绩:
指导教师检查任务完成情况,并对学生提出问题,根据学生实际情况给出建议。	
综合评价 及建议	

学生自我评价及反馈	成绩:
根据自己在课堂中实际表现进行自我反思和自我评价。 自我反思和评价:_____	

任务评价表

评价项目	评价标准	配分	得分
创建演示文稿	创建演示文稿题,录入相应内容。	20	
背景图片和背景音乐	设置指定的背景图片和背景音乐。	20	
格式设置	插入并设置图片和文本格式。	20	
切换效果	每张幻灯片应用不同的切换效果。	20	
文件保存与分享	演示文稿保存在云文档中并成功分享。	20	
评价反馈			
任务完成度	□优秀 □良好 □基本完成 □有待提高	总得分	

任务单 36　WPS 云文档使用

学院名称		专业		姓名	
指导教师		日期		成绩	

任务情景	随着移动办公的普及,越来越多的企业开始使用云文档来实现文件的存储和协同编辑。李华作为公司的文档管理员,需要学习如何使用 WPS 云文档进行文件管理和协作编辑。通过本次任务,李华将了解如何在手机 WPS 中查看和管理云文档空间,如何新建并保存文档到云端,以及如何邀请同事进行协同编辑。任务的最终目标是确保所有操作都能顺利进行,并能在电脑端访问和管理这些文件。
任务目标	(1)了解并管理 WPS 云文档空间。 (2)实现文档的云端保存与多人协同编辑。 (3)在不同设备间同步并访问云文档。

任务准备	成绩:
(1)手机上安装并登录 WPS Office 应用。 (2)确保手机和电脑均已连接互联网。 (3)准备好微信以便发送协同编辑邀请。 重点和难点:云文档管理,协同编辑,跨设备同步	

制订计划(对应课前内容)	成绩:
根据作业任务目标,完成作业计划描述。	

作业项目	完成情况
(1)检查并管理云文档空间,删除不需要的文件。	
(2)新建并保存空白表格到云文档中。	
(3)邀请同学通过云文档进行协同编辑。	
(4)将表格标星并进行移动或复制。	
(5)在电脑端访问并复制表格到本地。	

计划审核	审核情况: 　　　　　　　　　　　　　　　　　　　年　月　日

续表

计划实施(根据每个任务制定)	成绩:

(1)打开手机 WPS,选择"云文档"单击"我的云服务",查看云空间,如果云空间满,则对云文档进行删除操作,如图 36-1 所示。

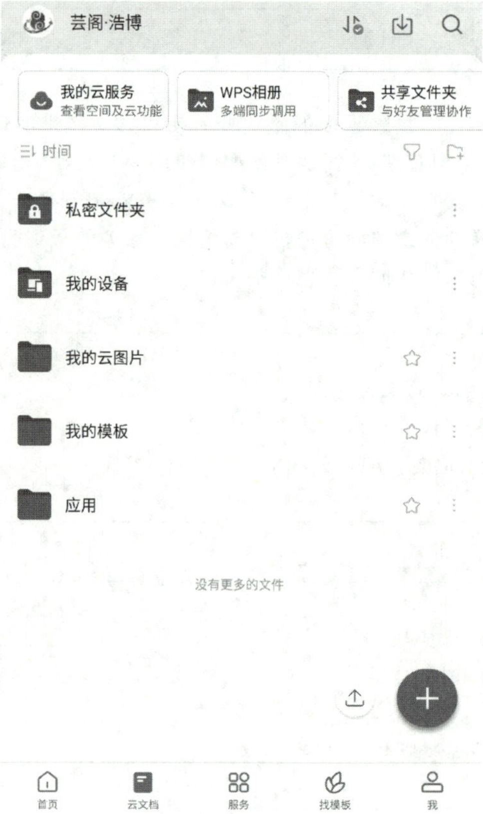

WPS 云办公应用

图 36-1　清理云文档

(2)新建一个空白表格,选择"云文档"单击"我的云服务",单击"存盘"按钮将表格保存到云文档中,如图 36-2 所示。

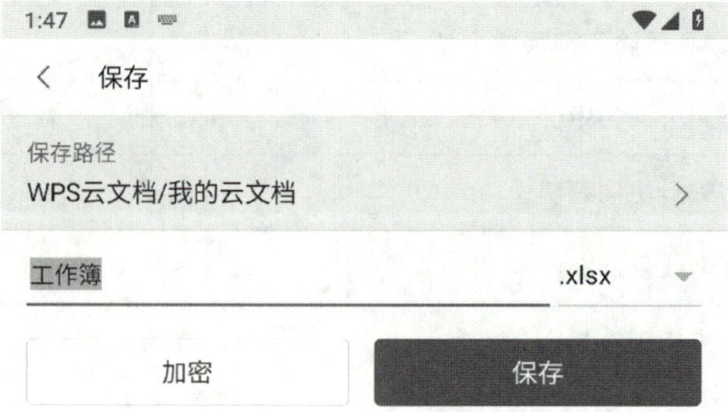

图 36-2　保存到云文档

(3)回到首页,选择"云文档",单击一个云文档后面的三个点,选择多人编辑,使用微信发送给同学,两名同学可以通过云文档协同编辑表格,如图 36-3 所示。

图 36-3　协同编辑

(4)将该表格"标星",如图 36-4 所示。

图 36-4　表格"标星"

（5）对该表格进行"移动或复制"，单击"我的模板"，单击"复制"。

（6）在电脑端登录 WPS，将手机端编辑的表格复制到桌面上。

质量检查	成绩：
指导教师检查任务完成情况，并对学生提出问题，根据学生实际情况给出建议。	

综合评价 及建议	

学生自我评价及反馈	成绩：
根据自己在课堂中实际表现进行自我反思和自我评价。 自我反思和评价：＿＿＿＿＿＿＿＿＿＿＿＿	

任务评价表

评价项目	评价标准	配分	得分
云空间管理	成功查看云空间并删除不需要的文件。	20	
文档保存	成功将新建表格保存到云文档中。	20	
协同编辑	成功邀请同学并进行协同编辑。	20	
文档标星	成功标星并移动或复制表格。	20	
跨设备同步	成功在电脑端访问并复制表格到本地。	20	
评价反馈			
任务完成度	□优秀 □良好 □基本完成 □有待提高	总得分	

任务单 37   WPS 特色服务(选做)

学院名称		专业		姓名	
指导教师		日期		成绩	

任务情景	为了提升办公效率并利用 WPS Office 的特色服务,李华决定尝试使用 WPS 中的各种工具。李华将通过手机 WPS 进行文件扫描生成 PDF、使用翻译工具翻译英文文档、新建并预览简历、导出拍照扫描的图片为 PPT,以及设计手机海报和艺术字体展示。通过这些操作,李华将全面了解 WPS 的特色服务,并掌握如何在日常工作中高效利用这些工具。
任务目标	(1)学习并使用 WPS 的文件扫描功能。 (2)掌握 WPS 的全文翻译与简历助手功能。 (3)了解并应用 WPS 的平面设计和艺术字体功能。

任务准备	成绩:

(1)手机上安装并登录 WPS Office 应用。
(2)确保手机已连接互联网。
(3)准备好教材、英文文本和图片素材。
重点和难点:<u>文件扫描,翻译工具,平面设计</u>

制订计划(对应课前内容)	成绩:

根据作业任务目标,完成作业计划描述。

作业项目	完成情况
(1)使用扫描工具箱扫描教材生成 PDF 文档。	
(2)录入并保存英文句子,使用全文翻译功能翻译。	
(3)录入并保存英文句子,使用全文翻译功能翻译。	
(4)导入图片并导出为 PPT。	
(5)设计并保存手机海报。	

计划审核	审核情况: . 年　月　日

计划实施（根据每个任务制定）	成绩：

(1)打开手机 WPS，选择"服务"单击"扫描工具箱"进行"文件扫描"，选择教材中的一页拍照，生成 PDF 文档，如图 37-1 所示。

图 37-1　文件扫描

(2)新建一个文档录入一句英文，保存到云文档中。选择"论文工具"下的"全文翻译"选择刚保存的英文文档进行翻译，如图 37-2 所示。

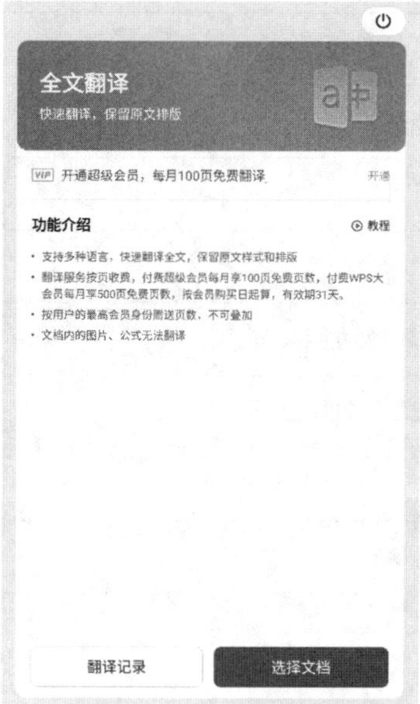

图 37-2　全文翻译

（3）选择"求职与校园"中"简历助手"，新建"行业简历"，选择"互联网通信"下的"产品助理"单击"新建范文简历"/"预览简历"（导出简历需要付费），如图 37-3 所示。

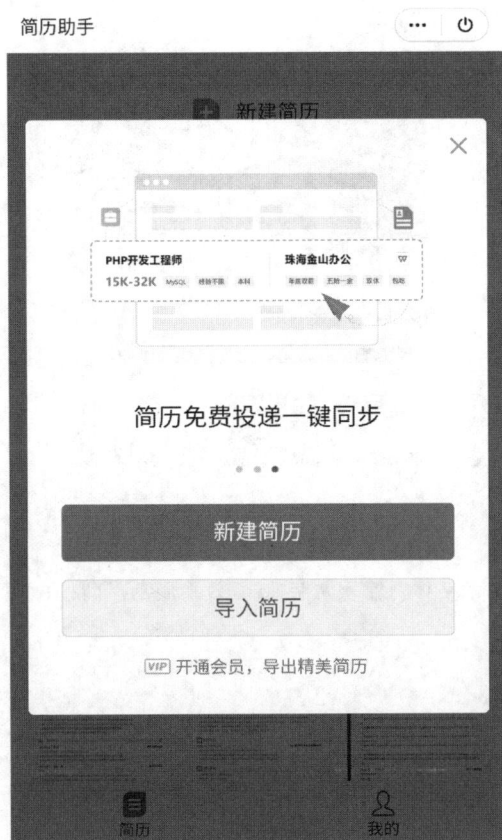

图 37-3　新建简历

（4）选择"拍照扫描"下的"拍照扫描"/"文件扫描"，导入一张图片，选择"导出为 PPT"，如图 37-4 所示。

图 37-4　文件扫描

（5）选择"内容与设计"下的"平面设计"，选择"免费专区"下的手机海报，可以换海报模板和文字，完成后保存手机海报，如图 37-5 所示。

图 37-5　查找海报素材

（6）选择"内容与设计"下的"艺术字体"，输入文字，观看效果展示。（获取原图需要开通会员），如图 37-6 所示。

图 37-6　艺术字体

质量检查	成绩:
指导教师检查任务完成情况,并对学生提出问题,根据学生实际情况给出建议。	
综合评价 及建议	
学生自我评价及反馈	成绩:
根据自己在课堂中实际表现进行自我反思和自我评价。 自我反思和评价:_____	

任务评价表

评价项目	评价标准	配分	得分
扫描工具	成功扫描并生成 PDF 文档。	20	
翻译功能	成功翻译英文文档。	20	
简历助手	成功新建并预览简历。	20	
图片处理	成功导出图片为 PPT。	20	
图片处理	成功设计并保存手机海报。	20	
评价反馈			
任务完成度	□优秀 □良好 □基本完成 □有待提高	总得分	

任务单 38　使用高级搜索检索航天信息

学院名称		专业		姓名	
指导教师		日期		成绩	

任务情景	小明所在的企业在工作过程中需要我国航天发展的最新信息,在本任务中,小明将以百度搜索引擎为信息检索工具,检索我国航天发展的最新信息,并将检索到的信息整理成文档形式。
任务目标	(1)了解信息检索相关知识。 (2)学会使用搜索引擎检索信息。 (3)使用百度高级检索航天最新信息。

任务准备	成绩:
(1)电脑安装浏览器。 (2)确保电脑连接互联网。 (3)电脑安装 WPS 文字整理检索结果。 **重点和难点:**信息检索,搜索引擎,百度高级检索	

制订计划(对应课前内容)	成绩:
根据作业任务目标,完成作业计划描述。	

作业项目	完成情况
(1)使用浏览器,访问百度主页。	
(2)检索我国航天最新信息。	
(3)使用高级检索航天信息。	
(4)将检索的结果整理到 WPS 文字中。	
(5)保存提交检索结果。	

计划审核	审核情况: 　　　　　　　　　　　　　　　年　　月　　日

计划实施(根据每个任务制定)	成绩：

(1)启动浏览器,在地址栏中输入网址"https://www.baidu.com",然后按回车键,即可打开百度主页,如图 38-1 所示。

图 38-1　百度主页

(2)在搜索框中输入关键词"中国航天",然后按回车键或单击"百度一下"按钮,打开关键词搜索结果页,如图 38-2 所示。

图 38-2　关键词搜索结果页

（3）单击搜索框下方的"搜索工具"图标，在出现的筛选条件中选择"时间不限"下方的"一周内"选项，即可看到筛选后更具时效性的搜索结果。如图 38-3 所示。

图 38-3　按照时间需求筛选信息

（4）浏览信息资源，在搜索结果中单击某条信息链接，即可跳转至详情页，如图 38-4 所示。

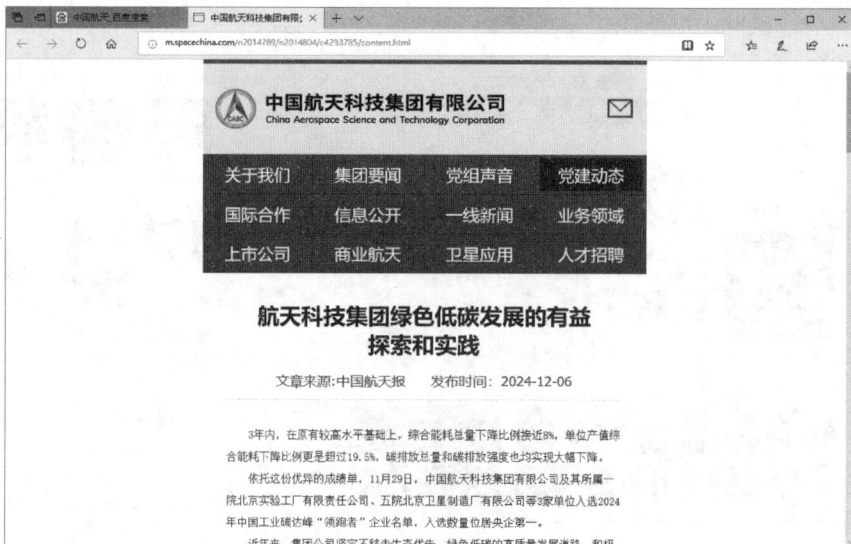

图 38-4　浏览信息链接

（5）单击其他版块名称，浏览其他类型信息资源，例如，可切换至"资讯""视频""文库"等版块。

（6）检索完成后，选择信息内容进行复制，整理至 WPS 文档中进行保存提交。

质量检查		成绩:
指导教师检查任务完成情况,并对学生提出问题,根据学生实际情况给出建议。		
综合评价 及建议		
学生自我评价及反馈		成绩:
根据自己在课堂中实际表现进行自我反思和自我评价。 自我反思和评价:＿＿＿＿＿＿＿＿＿＿＿＿＿＿		

任务评价表

评价项目	评价标准	配分	得分
浏览器使用	使用浏览器,访问百度首页。	20	
信息检索	成功检索我国航天最新信息。	20	
高级信息检索	使用高级检索航天信息。	20	
检索结果整理	将检索的结果整理到 WPS 文字中。	20	
保存提交	保存提交检索结果。	20	
评价反馈			
任务完成度	□优秀 □良好 □基本完成 □有待提高	总得分	

任务单 39　使用中国知网检索计算机文献

学院名称		专业		姓名	
指导教师		日期		成绩	

任务情景	计算机专业大三学生小明正在写一篇关于计算机程序设计方面的毕业论文,需要阅读大量的学术信息,在本任务中,小明需要在中国知网上检索以"学生管理系统"为主题的期刊论文,并将检索到的信息整理成文档形式。
任务目标	(1)了解常用的信息检索专用平台。 (2)能够用专用平台检索信息。 (3)学会使用中国知网检索期刊论文。

任务准备	成绩:

(1)电脑安装浏览器。
(2)确保电脑连接互联网。
(3)电脑安装 WPS 文字整理检索结果。
重点和难点:专用平台信息信息,中国知网检索

制订计划(对应课前内容)	成绩:

根据作业任务目标,完成作业计划描述。

作业项目	完成情况
(1)使用浏览器,访问中国知网主页。	
(2)检索计算机专业论文。	
(3)使用高级检索计算机专业论文。	
(4)将检索的结果整理到 WPS 文字中。	
(5)保存提交检索结果。	

计划审核	审核情况: 　　　　　　　　　　　　　　　　　　　年　　月　　日

计划实施(根据每个任务制定)	成绩:

(1)启动浏览器,在地址栏中输入中国知网网址"https://www.cnki.net",按回车键确认,访问中国知网首页,如图 39-1 所示。

图 39-1　中国知网首页

(2)在搜索框中输入"学生管理系统",按回车键,打开搜索结果页,然后单击搜索框左侧的"主题"按钮,在展开的下拉列表中选择"篇关摘"选项,如图 39-2 所示。

图 39-2　输入检索式并选择"篇关摘"选项

"篇关摘"是把将检索范围界定在篇名、关键词、摘要之间。

(3)单击搜索框下方的"学术期刊"按钮,从搜索结果中将期刊论文筛选出来,如图 39-3 所示。

图 39-3 筛选期刊论文

(4)在左侧窗格的"主题"组中选中"管理系统"复选框,然后单击"来源类别"按钮,在展开的下拉列表中选中"北大核心",单击"学科",在展开的下拉列表中选择" 计算机软件及计算机应用",最后单击左侧的"确定"按钮,添加限定条件后的搜索结果如图 39-4 所示。

图 39-4 添加限定条件

(5)在搜索结果中选择某篇期刊论文,打开该论文的详情页,查看该论文的摘要、关键词、专题等信息,还可根据需要选择在线阅读或下载该论文,如图 39-5 所示。

图 39-5　论文详情页

(6)检索完成后,选择摘要等内容进行复制,整理至 WPS 文档中进行保存提交。

质量检查	成绩:
指导教师检查任务完成情况,并对学生提出问题,根据学生实际情况给出建议。	

综合评价及建议	

学生自我评价及反馈	成绩:
根据自己在课堂中实际表现进行自我反思和自我评价。 自我反思和评价:_____	

任务评价表

评价项目	评价标准	配分	得分
浏览器使用	使用浏览器,访问知网主页。	20	
信息检索	通过中国知网成功检索计算机专业论文。	20	
高级信息检索	使用高级检索计算机专业论文。	20	
检索结果整理	将检索的结果整理到 WPS 文字中。	20	
保存提交	保存提交检索结果。	20	
评价反馈			
任务完成度	□优秀 □良好 □基本完成 □有待提高	总得分	

任务单 40　360 安全卫士使用

学院名称		专业		姓名	
指导教师		日期		成绩	

任务情景	小明的办公计算机时常出现卡顿的现象,影响办公效率,他需要安装 360 安全卫士进行计算机安全管理和系统维护,为计算机提供实时安全防护,保障计算机的信息安全。
任务目标	(1)能够熟练安装和配置 360 安全卫士,进行系统安全检测和优化。 (2)掌握使用 360 安全卫士进行病毒查杀、木马清理和系统修复的操作流程。 (3)能够识别和处理常见的网络安全威胁,如钓鱼网站、恶意软件等。

任务准备	成绩:

(1)硬件准备:连接互联网的计算机一台。
(2)软件准备:360 安全卫士安装程序。
(3)学习资料准备:
需要了解信息空间安全概述、计算机病毒及防护、信息伦理与职业行为自律。
(4)团队协作安排:将学生分成若干测试小组,每组 3～5 人,确定组长一名,负责组织小组内工作安排、数据汇总以及与其他小组和教师的沟通协调。

制订计划(对应课前内容)	成绩:

根据作业任务目标,完成作业计划描述。

作业项目	完成情况
(1)安装和配置 360 安全卫士。	
(2)使用 360 安全卫士进行系统安全检测和优化。	
(3)使用 360 安全卫士进行病毒查杀、木马清理。	
(4)使用 360 安全卫士进行系统修复。	
(5)结果分析、结论。	

计划审核	审核情况:
	年　月　日

计划实施(根据每个任务制定)	成绩:

(1)在计算机中安装360安全卫士软件。

(2)启动360安全卫士,在其主界面进行系统安全检测和优化,如图40-1所示。

图40-1　优化加速

(3)使用360安全卫士进行病毒查杀、木马清理。单击主界面"木马查杀"按钮,打开"木马查杀"界面,单击"快速查杀"按钮,如图40-2所示。

图40-2　木马查杀

(4)使用 360 安全卫士进行系统修复。

步骤一：单击主界面"系统修复"按钮，打开"系统修复"界面，单击"一键修复"按钮，如图 40-3 所示。

图 40-3 系统修复

步骤二：360 安全卫士对计算机系统进行扫描，扫描后会显示潜在危险项，单击"一键修复"按钮进行系统修复，如图 40-4 所示。

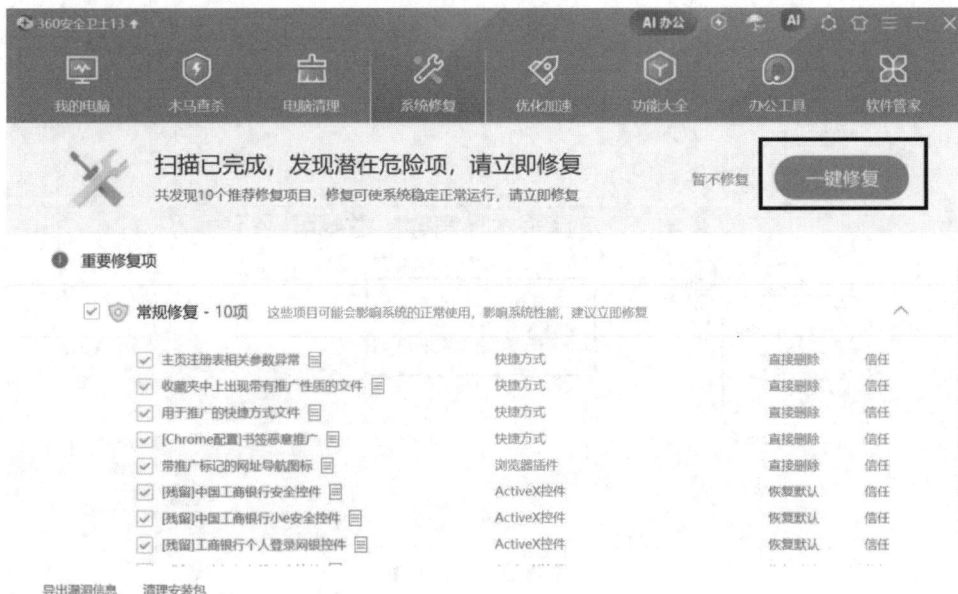

图 40-4 一键修复

步骤三:系统修复完成后,会弹出提示对话框,如图40-5所示。

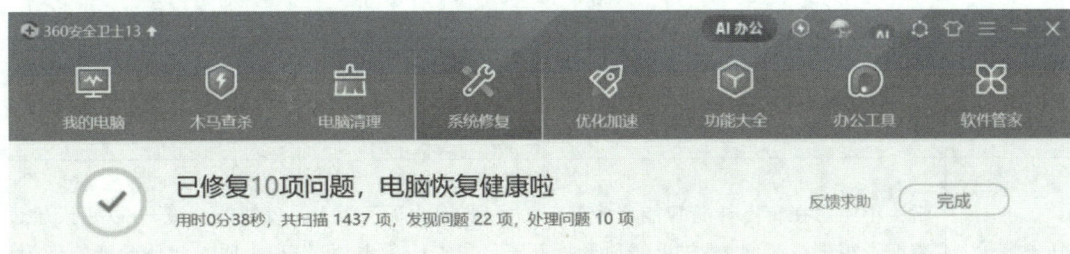

图40-5 修复完成

(5)各组记录数据,根据结果得出结论,可根据具体情况给出改善建议。

质量检查	成绩:
指导教师检查任务完成情况,并对学生提出问题,根据学生实际情况给出建议。	
综合评价 及建议	
学生自我评价及反馈	成绩:
根据自己在课堂中实际表现进行自我反思和自我评价。 自我反思和评价:＿＿＿＿＿＿＿＿＿＿＿＿	

任务评价表

评价项目	评价标准	配分	得分
安装和配置360安全卫士	完成安装和配置360安全卫士。	20	
系统安全检测和优化	完成使用360安全卫士进行系统安全检测和优化。	20	
病毒查杀、木马清理	完成使用360安全卫士进行病毒查杀、木马清理。	20	
系统修复	完成使用360安全卫士进行系统修复。	20	
结果分析、结论。	按组完成结果分析,分析计算机卡顿原因,给出改善建议。	20	
评价反馈			
任务完成度	□优秀 □良好 □基本完成 □有待提高	总得分	

任务单 41 体验智能家居

学院名称		专业		姓名	
指导教师		日期		成绩	

任务情景	学生小明想在寝室体验智能家居带来的便利,因此买了一个百度智能音箱,可以每天通过智能音箱进行叫起、播放天气预报及音乐。在本任务中,我们和小明一起体验智能音箱,感受物联网给我们的生活带来的便利。
任务目标	(1)了解物联网的相关知识。 (2)能够使用"小度"APP 绑定第三方 APP。 (3)能够使用"小度"APP 设置智能家居。

任务准备	成绩:
(1)"小度"智能音箱。 (2)智能音箱连接 WIFI。 (3)手机端安装"小度"APP。 重点和难点:物理网,"小度"APP 绑定第三方 APP,设置智能家居	

制订计划(对应课前内容)	成绩:
根据作业任务目标,完成作业计划描述。	

作业项目	完成情况
(1)"小度"APP 添加家庭成员。	
(2)"小度"APP 绑定第三方 APP。	
(3)"小度"APP 设置闹钟提醒。	
(4)"小度"APP 进行语音通话。	
(5)"小度"APP 设置智能家居。	

计划审核	审核情况:
	年 月 日

计划实施	成绩：

(1)打开"小度"APP首页，单击右上角的"设置"按钮，选择"功能设置"下的"家庭成员"，单击"添加成员"，选择一种"邀请方式"，即可添加小度智能音箱的使用者，如图41-1所示。

图41-1 添加家庭成员

(2)打开"小度"APP，进入"资源广场"，选择第三方APP进行绑定，如图41-2所示。

图41-2 绑定第三方APP

（3）打开"小度"APP首页，单击"闹钟提醒"，选择"起床闹钟"，选择闹钟时间，点击"保存到我的闹钟"完成设置，如图41-3所示。

图 41-3　设置闹钟提醒

（4）打开"小度"APP首页，单击"语音通话"，等待对方接听，对方可以点击"小度"音箱上的"播放"按键接听电话，通过此方法可以使音箱与手机之间进行通话，如图41-4和图41-5所示。

图 41-4　手机端"语音通话"

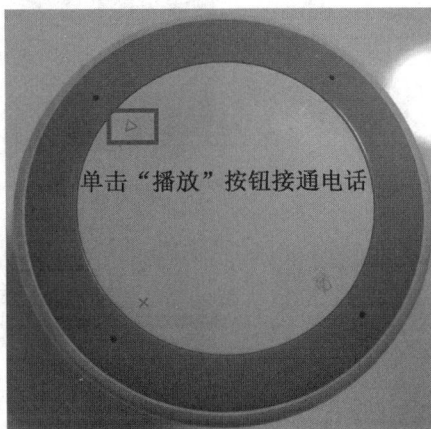

图 41-5　音箱端"语音通话"

（5）打开"小度"APP 首页，单击"全部功能"，找到"设备控制"下的"智能家居"如图 41-6 所示，选择"早安"进行场景设置，可以添加"早安"场景的触发条件，比如进行定时或者语音输入等，如图 41-7 所示，完成该场景的设置。

图 41-6　设置智能家居

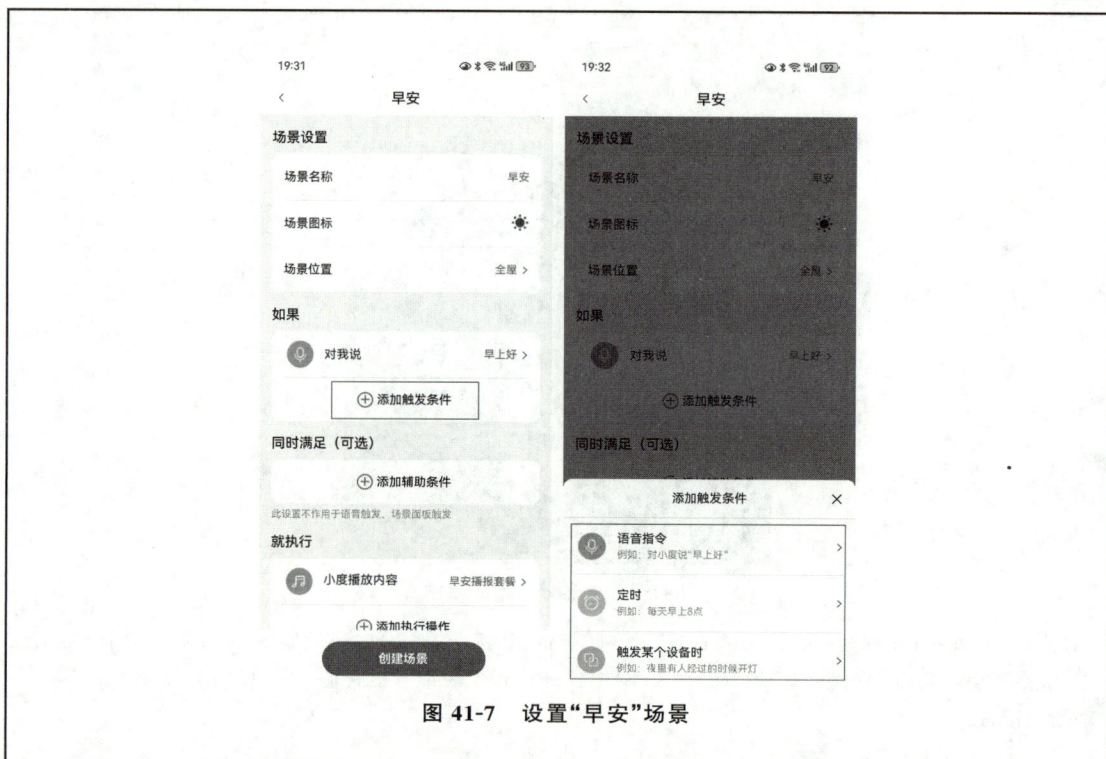

图 41-7 设置"早安"场景

质量检查	成绩：
指导教师检查任务完成情况,并对学生提出问题,根据学生实际情况给出建议。	
综合评价 及建议	

学生自我评价及反馈	成绩：
根据自己在课堂中实际表现进行自我反思和自我评价。 自我反思和评价：_____	

任务评价表

评价项目	评价标准	配分	得分
添加成员	成功为"小度"APP 添加家庭成员。	20	
第三方绑定	成功为"小度"APP 绑定第三方 APP。	20	
闹钟提醒	成功为"小度"APP 设置闹钟提醒。	20	
语音通话	成功与百度音箱进行语音通话。	20	
智能家居	成功为"小度"APP 设置智能家居。	20	
评价反馈			
任务完成度	□优秀 □良好 □基本完成 □有待提高	总得分	

任务单 42　使用智慧教育云平台

学院名称		专业		姓名	
指导教师		日期		成绩	

任务情景	小明是一名新入学的大学生,新生报到时辅导员让小明在手机端安装了智慧教育云平台——"学习通"APP。通过这一平台,教师可以实现课程内容的数字化管理,学生则能够通过此平台进行上课签到、课程学习和考试等活动,享受到个性化和互动性更强的学习体验。
任务目标	(1)能够注册并登录"学习通"APP,熟悉平台的用户界面和基本操作。 (2)可以利用"学习通"APP进行课程管理、资源上传和下载。 (3)可以利用"学习通"APP参与在线学习活动。

任务准备	成绩:

(1)硬件准备。
智能手机一部或连接互联网计算机一台
(2)软件准备。
"学习通"安装程序
(3)学习资料准备。
需要了解人工智能的基本概念、人工智能的应用场景、云计算在人工智能领域的应用。
(4)团队协作安排。
将学生分成若干测试小组,每组 3～5 人,确定组长一名,负责组织小组内工作安排、数据汇总以及与其他小组和教师的沟通协调。

制订计划(对应课前内容)	成绩:

根据作业任务目标,完成作业计划描述。

作业项目	完成情况
(1)"学习通"APP 注册登录。	
(2)"学习通"APP 学习课程。	
(3)"学习通"APP 收件箱接收通知。	
(4)电脑端"学习通"登录。	
(5)电脑端"学习通"课程学习。	
计划审核	审核情况: 年　月　日

计划实施(根据每个任务制定)	成绩:

1.移动端登录及使用(以辽源职业技术学院为例)

步骤一:新用户注册登录。在软件市场里搜索"学习通"APP,下载安装。打开软件,进入登录页面,上方"登录"—"新用户注册",输入手机号、验证码、密码点击"下一步"按钮,如图 42-1 所示。

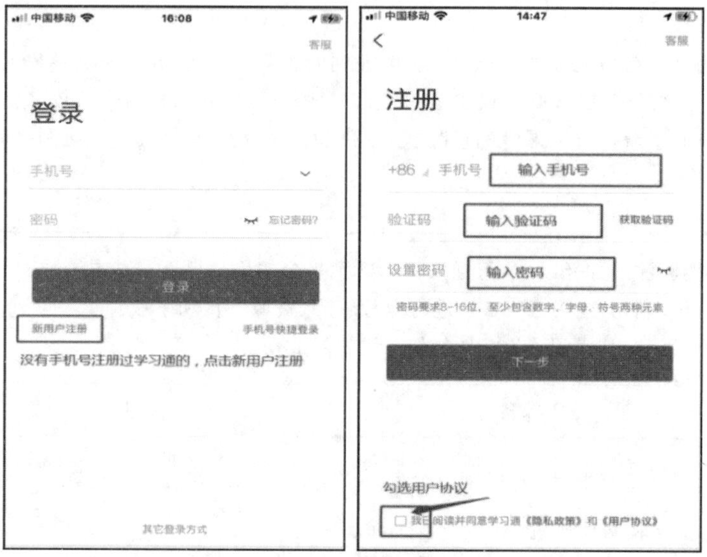

图 42-1 新用户注册登录

步骤二:按照提示,输入"学校 UC 码 122255",出现学校名称:辽源职业技术学院选择,点击"下一步"输入学号和姓名。点击"验证"即可登录,如图 42-2 所示。

图 42-2 验证学校信息

步骤三:单位认证查验核对。登录成功后,在"设置"—"账号管理"—"单位设置"设置,点击前往认证。点击"单位设置"—"添加单位",如图 42-3 所示。

图 42-3 单位认证查验核对

步骤四:输入自己单位的 UC 码(122255)—出现学校名称,选择学校名称—"下一步"—输入要绑定的"工号或者学号"单击"确定",如图 42-4 所示。

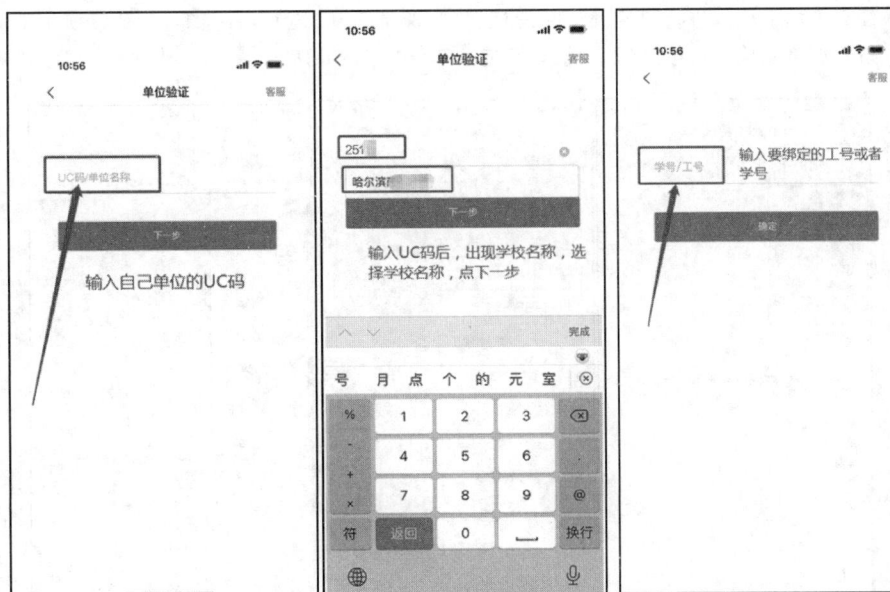

图 42-4 单位验证

步骤五:"学习通"APP学习课程。登录后点击右下角"我"的"课程"—选择要学习的课程,如图 42-5 所示。

图 42-5 选择学习课程

步骤六:在任务模块下可以进行讨论、作业、考试,接收课堂活动、通知,直播等;在章节模块下可以进行课程的学习;在更多模块下可以查看资料、学习记录等,如图 42-6 所示。

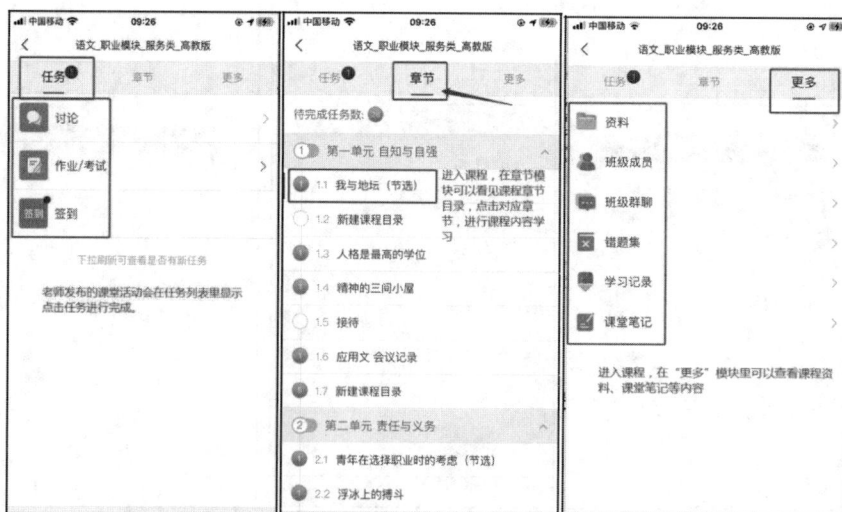

图 42-6 进行课程学习

步骤七："学习记录"中可查看签到、章节任务点、章节测验、章节学习次数、互动测验、作业、考试和讨论完成情况,如图 42-7 所示。

图 42-7　查看学习记录

步骤八："学习通"APP 接收通知。点击"消息"的"收件箱",查看接收到的通知,如图 42-8 所示。

图 42-8　查看 APP 通知

2.电脑端登录及使用(以辽源职业技术学院为例)

步骤一:电脑浏览器地址栏中输入网址:jx.lyvtc.edu.cn,在教学平台首页中单击"登录"按键,进入登录页面。已注册"学习通"APP的用户,可以直接用手机号登录,密码即为学习通账号密码,或者"学习通"APP扫码登录,如图42-9所示。

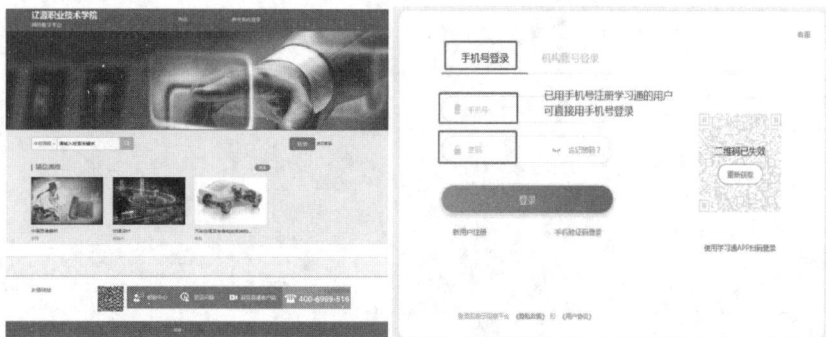

图 42-9　网页端登录

步骤二:课程学习。登录账号后,进入个人学习空间。点击"我学的课"—选择要学的课程进入学习页面,如图42-10所示。

图 42-10　课程学习

步骤三:观看视频、完成章节测验、作业、考试等,完成课程学习,取得成绩,如图42-11所示。

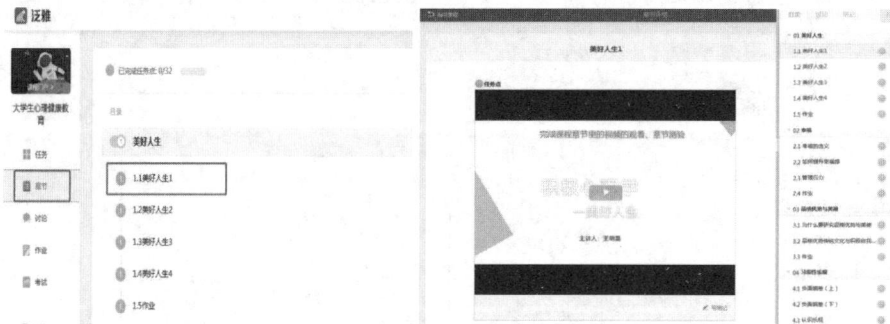

图 42-11　完成课程学习

步骤四:在"作业"模块中可查看作业及完成情况,如图 42-12 所示。

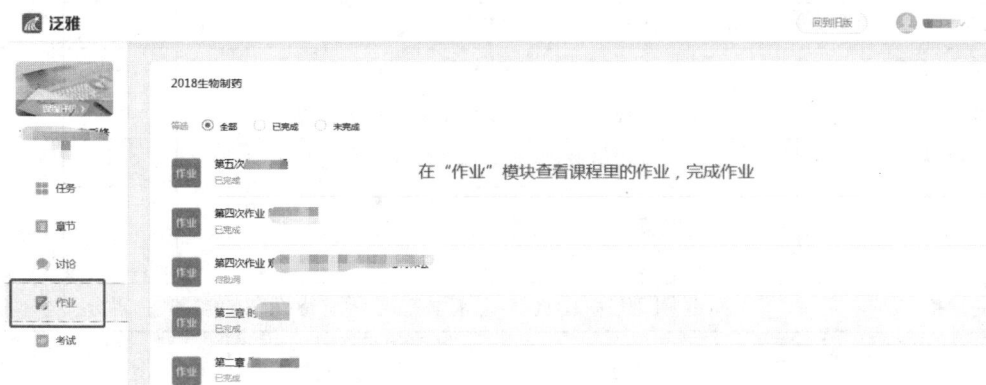

图 42-12　查看作业

步骤五:在"考试"模块中可查看考试及完成情况,如图 42-13 所示。

图 42-13　查看考试

各组记录数据,根据结果得出结论,可根据具体情况给出改善建议。

质量检查	成绩:
指导教师检查任务完成情况,并对学生提出问题,根据学生实际情况给出建议。	

综合评价 及建议	

学生自我评价及反馈	成绩:
根据自己在课堂中实际表现进行自我反思和自我评价。 自我反思和评价:_____	

任务评价表

评价项目	评价标准	配分	得分
移动端登录	完成"学习通"APP注册登录。	20	
移动端学习课程	完成"学习通"APP学习课程。	20	
移动端收件箱接收通知	完成"学习通"APP收件箱接收通知。	20	
电脑端登录	完成电脑端"学习通"登录。	20	
电脑端课程学习	完成电脑端"学习通"课程学习。	20	
评价反馈			
任务完成度	□优秀 □良好 □基本完成 □有待提高	总得分	

任务单 43　体验大数据在电商平台的运用

学院名称		专业		姓名	
指导教师		日期		成绩	

任务情景	小李是一名电子商务专业的大学生,在参与某电商企业实习项目时,需要了解大数据技术如何赋能电商平台的运营。企业导师要求小李通过公开的电商平台数据分析工具(如淘宝生意参谋、京东商智等),体验大数据在用户行为分析、商品推荐、库存管理等场景中的应用,并撰写实践报告。
任务目标	(1)能够注册并登录主流电商平台的数据分析工具(如阿里指数、百度指数等),熟悉基础功能。 (2)能够通过公开数据工具完成用户画像分析、商品热度趋势分析。 (3)能够利用可视化工具(如 Excel、Tableau Public)呈现数据分析结果。 (4)能够总结大数据在电商平台中的典型应用场景及价值。

任务准备	成绩:

(1)硬件准备。
可连接互联网的计算机或智能手机。
(2)软件准备。
电商平台工具:阿里指数(index.1688.com)、百度指数(index.baidu.com)。
(3)可视化工具。
Excel、Tableau Public(免费版)。
(4)学习资料准备。
大数据基本概念(数据采集、清洗、分析),电商平台运营流程(选品、推广、用户留存)。
(5)团队协作安排。
组长负责分工协调,组员分别承担数据收集、分析、可视化及报告撰写任务。
重点和难点:数据挖掘、数据分析

制订计划(对应课前内容)	成绩:

根据作业任务目标,完成作业计划描述。

作业项目	完成情况
(1)注册并登录阿里指数/百度指数账号。	
(2)收集某类商品(如"运动鞋""智能手环")的搜索热度数据。	
(3)分析用户地域分布、年龄层及消费偏好。	
(4)生成数据可视化图表并撰写分析报告。	
(5)模拟设计一个基于大数据的电商营销策略。	

计划审核	审核情况: 年　　月　　日

计划实施	成绩：

1. 数据工具注册与登录

(1)访问 index. baidu. com，登录百度账号。

(2)输入关键词(如"运动鞋")，选择时间范围(近 30 天)，查看搜索趋势及人群画像，如图 43-1 所示。

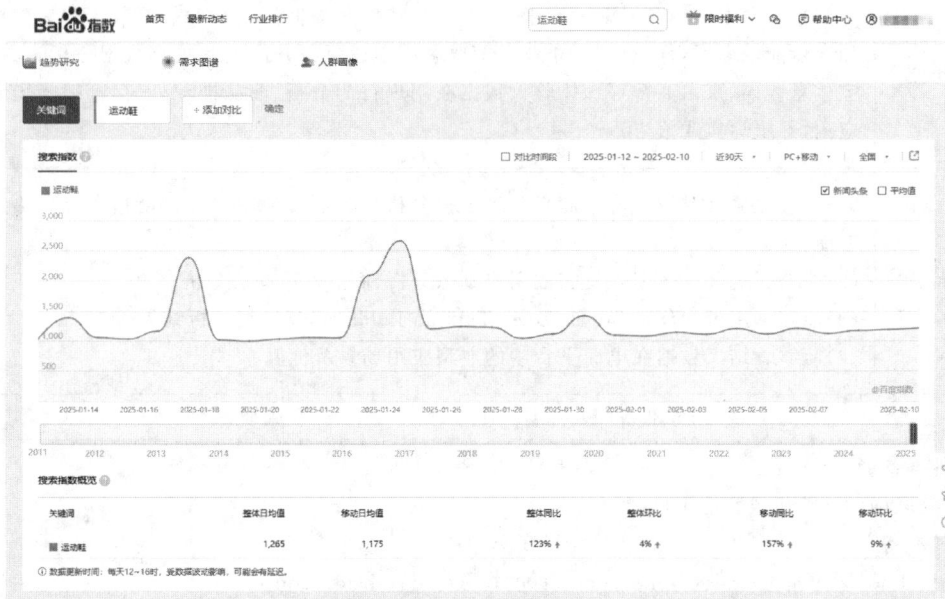

图 43-1　百度指数页面

2. 数据收集与分析

(1)在百度指数中查看关键词的"人群画像"，记录年龄、性别、地域分布比例，如图 43-2 所示。

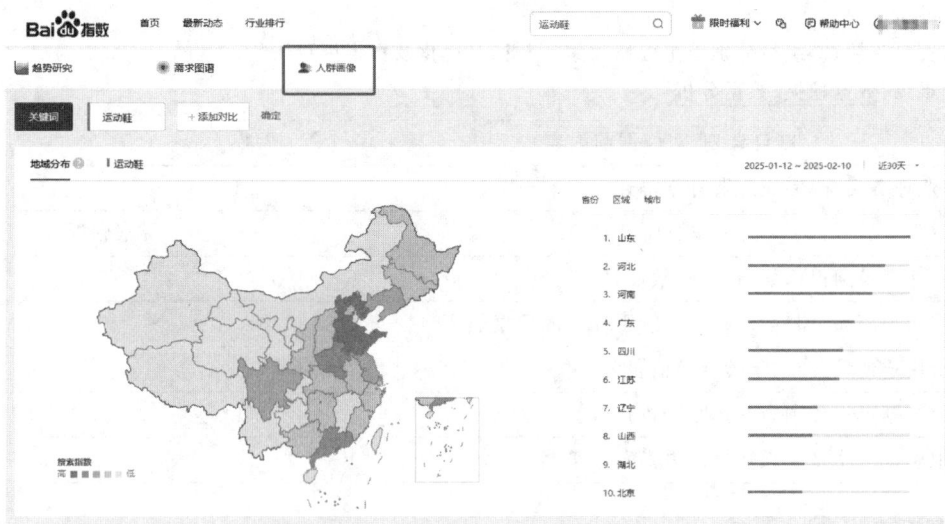

图 43-2　人群画像

(2)对比不同地区用户的搜索偏好(如比较是否北方用户更关注"羽绒服",南方用户关注"防晒衣"),如图 43-3 所示。

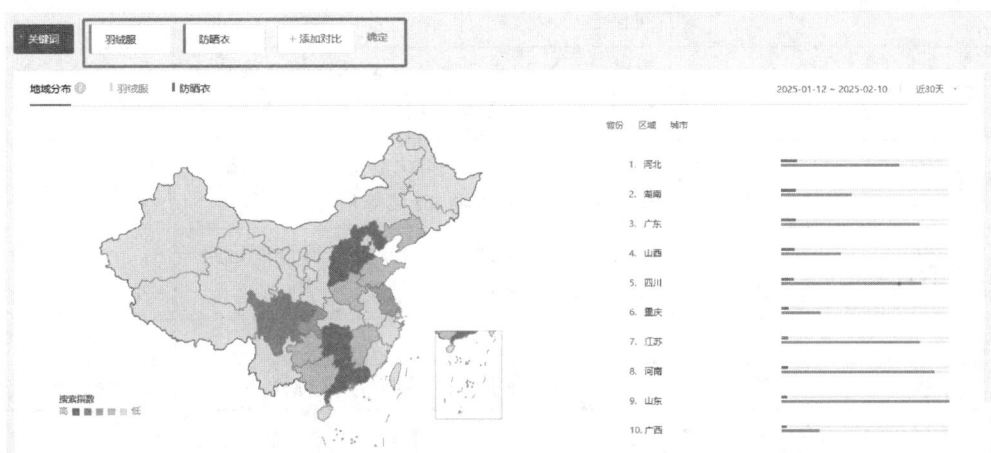

图 43-3   多关键词比较

3.数据可视化与报告

步骤一:图表制作

(1)使用 Excel 将导出的数据生成折线图(趋势分析)、饼图(地域分布)。

(2)在 Tableau Public 中创建交互式仪表盘,展示关键词热度与用户属性关联。

步骤二:策略设计

(1)根据分析结果,设计一个精准营销方案(如针对 25-30 岁女性用户推送"轻奢女装"广告)。

(2)模拟优化库存分配(如根据地域需求调整仓储布局)。

4.团队协作与汇报

(1)各组汇总数据,讨论分析结果的合理性。

(2)制作 PPT 展示核心发现,重点说明大数据如何提升电商运营效率。

(3)提交分析报告(需包含数据截图、图表及策略建议)。

质量检查	成绩:
指导教师检查任务完成情况,并对学生提出问题,根据学生实际情况给出建议。	
综合评价 及建议	
学生自我评价及反馈	成绩:
根据自己在课堂中实际表现进行自我反思和自我评价。 自我反思和评价:_____	

评价项目	评价标准	配分	得分
数据工具注册与登录	成功注册并登录百度指数账号,且能正常访问核心功能模块。	20	
数据收集完整性	完整导出目标商品类目近 3 个月的搜索热度数据,并记录关键峰值时段。	20	
用户画像分析	完整记录测速报告中的上传速度、下载速度、IP 地址、运营服务商、时延等信息。	30	
可视化与报告质量	图表清晰标注数据来源,分析逻辑合理,且包含至少 2 种图表类型。	30	
评价反馈			
任务完成度	□优秀 □良好 □基本完成 □有待提高	总得分	

任务单 44　5G 网络测速

学院名称		专业		姓名	
指导教师		日期		成绩	

任务情景	做网络销售的小明计划在工厂开展一场网络直播活动。由于直播的人气热度及流量状况对直播成效极为关键,所以在直播前必须对网络情况予以测试,以此确保直播期间网络正常运行,进而有力推动直播营销目标的顺利实现。
任务目标	在大学校园开展 5G 网络测试,分析不同区域网络覆盖、信号、速度,定位薄弱环节并优化。提升学生 5G 网络实践认知与应用能力。

任务准备	成绩:

(1)硬件准备。

准备一部支持 5G 网络且性能良好的智能手机,安装最新的操作系统版本,以获得最佳的 5G 网络适配性和测试准确性。

(2)软件准备。

在手机应用商店下载并安装至少两款 5G 网络测试软件,如 Speedtest 和 Cellular-Z,在测试过程中进行数据对比和相互验证,提高测试结果的可靠性。

(3)学习资料准备。

要了解第五代移动通信技术、5G 关键技术、5G 的应用场景。

(4)团队协作安排。

将学生分成若干测试小组,每组 3～5 人,确定组长一名,负责组织小组内的测试工作安排、数据汇总以及与其他小组和教师的沟通协调。

制订计划(对应课前内容)	成绩:

根据作业任务目标,完成作业计划描述。

作业项目	完成情况
(1)学习资料准备。	
(2)硬件准备。	
(3)软件准备。	
(4)数据记录。	
(5)测试结果分析、结论。	

计划审核	审核情况: 　　　　　　　　　　　　　　　　　　　　　年　　月　　日

计划实施(根据每个任务制定)	成绩:

1.对基础知识的掌握

完成教材中模块七-项目四-任务一:5G 网络测速的学习。了解第五代移动通信技术、5G 关键技术、5G 的应用场景的相关知识。

2.完成硬件及软件准备工作

在手机中安装测试软件:以 Speedtest5G 为例:

步骤一:在手机应用商店中搜索 Speedtest5G,如图 44-1 所示。

图 44-1　软件下载

步骤二:安装软件并开启位置和位置访问授权。正确设置后如图 44-2 所示。

图 44-2　软件设置

3. 开始测试

软件会进行上传和下载速度测试（当前为 WiFi 网络），结果如图 44-3 所示。

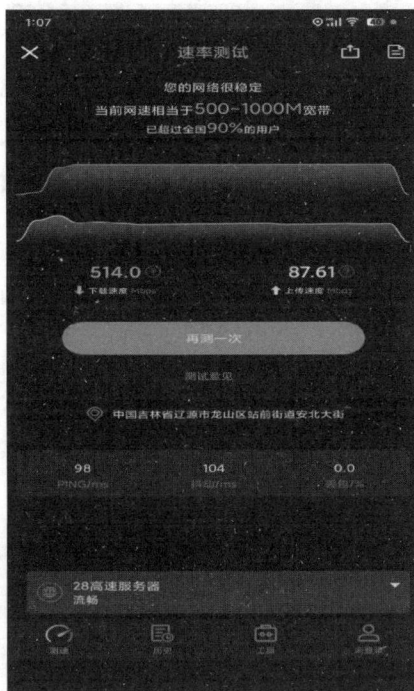

图 44-3　开始测试

4. 查看测试如果

点击界面中测试意见查看测试如果，不用提交，如图 44-4 所示。

图 44-4　查看结果

5.切换网络为(移动5G)重新测试

结果如图44-5所示。

图 44-5 5G 测试结果

6.各组记录数据,根据结果得出结论,可根据具体情况给出改善建议(略)

注:具体实施时:要根据情况进行现场直播测试,增加观看人数。验证网络波动情况,规模大时可选用专用网络。

质量检查	成绩:
指导教师检查任务完成情况,并对学生提出问题,根据学生实际情况给出建议。	
综合评价及建议	
学生自我评价及反馈	成绩:
根据自己在课堂中实际表现进行自我反思和自我评价。 自我反思和评价:_____	

任务评价表

评价项目	评价标准	配分	得分
学习资料准备	了解第五代移动通信技术、5G 关键技术、5G 的应用场景的相关知识。	20	
硬件准备	5G 或 5G 以上手机、保持手机高电量。	10	
软件准备	正确下载并安装测试软件。	40	

评价项目	评价标准	配分	得分
数据记录	按组完成数据记录,并整理成表格文件。	10	
测试结果分析、结论。	按组完成测试结果分析。满足直播条件或不满足。如不满足:可尝试给出改善建议。	20	
评价反馈			
任务完成度	□优秀 □良好 □基本完成 □有待提高	总得分	

任务单 45　用支付宝进行食品药品溯源

学院名称		专业		姓名	
指导教师		日期		成绩	

任务情景	小王是一名食品质量与安全专业的大学生,在参与社区食品安全宣传活动时,需要向居民演示如何通过支付宝的"扫一扫"功能实现食品药品溯源。本次任务要求小王掌握支付宝溯源功能的操作流程,并能够解释溯源信息中的关键数据(如生产批次、物流记录、质检报告等)。
任务目标	(1)成功使用支付宝的药品溯源功能进行扫码验证。 (2)查看并理解药品的追溯报告。 (3)了解药品质量控制的重要性。

任务准备	成绩:

(1)软件准备。
确保手机已安装支付宝 APP,并且账号已登录。
(2)硬件准备。
确保手机摄像头功能正常,方便进行扫码操作。
(3)药品准备。
准备好需要验证的药品及其包装盒,确保包装盒上有清晰可见的 20 位条码
重点和难点:扫码验证、报告分析

制订计划(对应课前内容)	成绩:

根据作业任务目标,完成作业计划描述。

作业项目	完成情况
(1)使用支付宝扫描至少 3 种不同产品的溯源码/条形码。	
(2)记录每种产品的生产日期、生产地、物流路径、质检结果。	
(3)对比分析同品类产品(如两款牛奶)的供应链透明度差异。	
(4)撰写一份溯源实践报告,包含操作截图与结论。	

计划审核	审核情况: 　　　　　　　　　　　　　　　　　　年　　月　　日

计划实施	成绩：

1.移动端溯源操作

步骤一：扫码获取溯源信息

（1）打开支付宝 APP，点击首页"扫一扫"功能。

（2）对准食品药品包装上的溯源码或条形码（通常位于包装侧面或底部），保持平稳扫描（见图 45-1）。

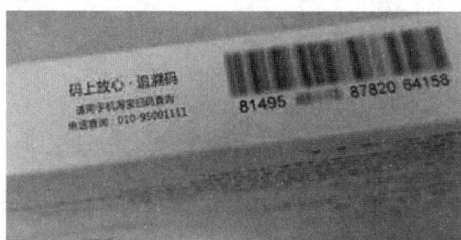

图 45-1　溯源码

（3）若扫码成功，页面自动跳转至商品溯源信息页；若失败，尝试调整光线或清洁条码后重试。

步骤二：解析溯源数据

（1）在溯源页面中，查看"药品追溯信息"模块，记录生产批次、工厂名称及地址（见图 45-2）。

图 45-2　药品追溯信息

(2)点击"物流追踪",查看商品从出厂到销售的流转记录(如仓储地点、运输时间)。

(3)在"质检报告"中下载或截图官方检测结果(如微生物指标、添加剂含量)。

2.数据对比与分析

步骤一:同品类产品对比

(1)选择两款同类型商品(如 A 品牌和 B 品牌矿泉水),分别扫描其溯源码。

(2)对比两者的生产地距离、物流时效、质检标准差异(例如:A 品牌标注了水源地经纬度,B 品牌未提供)。

步骤二:区块链信息验证

(1)在溯源页面中查找"区块链存证"标识(如有),点击查看区块哈希值、存证时间等数据。

(2)讨论区块链如何保障溯源信息不可篡改(例如:哈希值唯一性、链上时间戳)。

3.报告撰写与汇报

(1)汇总小组扫描的 3 种产品数据,用表格对比关键信息(生产地、质检结果、供应链透明度)。

(2)结合案例说明溯源技术对消费者信任度的影响(例如:信息越透明,购买意愿越高)。

(3)制作 PPT,重点展示支付宝溯源功能的操作流程和区块链技术优势。

质量检查	成绩:
指导教师检查任务完成情况,并对学生提出问题,根据学生实际情况给出建议。	

综合评价及建议	

学生自我评价及反馈	成绩:
根据自己在课堂中实际表现进行自我反思和自我评价。 自我反思和评价:_____	

任务评价表

评价项目	评价标准	配分	得分
进入溯源功能	打开支付宝 APP 并确认账号已登录,成功打开扫描功能。	10	
扫码验证	扫描药品包装盒上的 20 位条码,并进入查询页面。	30	
查看报告	整记录追溯报告中的重要信息。	30	
分析报告	分析追溯报告中的药品生产和流通信息,了解质量控制过程。	30	
评价反馈			
任务完成度	□优秀 □良好 □基本完成 □有待提高	总得分	

任务单 46　体验模拟实验

学院名称		专业		姓名	
指导教师		日期		成绩	

任务情景	小明所在的学校建设了一间 VR 心理实训室,供学生日常使用。此实训室可以帮助学生释放情绪压力,提升幸福感,增强抗压能力。小明近期由于学习压力比较大,来到了 VR 心理实训室通过体验体感互动单车释放压力。
任务目标	(1)能够识别和描述虚拟现实技术的硬件设备,如头戴显示器、手柄等。 (2)可以操作基本的虚拟现实软件,体验虚拟环境中的交互操作。

任务准备	成绩:

(1)硬件准备。
体感互动单车、VR 眼镜
(2)软件准备。
VR 心理系统、VR 沉浸式心理平台
(3)学习资料准备。
需要了解虚拟现实技术的基本概念、虚拟现实技术的发展历程、虚拟现实技术的应用领域。
(4)团队协作安排。
将学生分成若干测试小组,每组 3~5 人,确定组长一名,负责组织小组内工作安排、数据汇总以及与其他小组和教师的沟通协调。

制订计划(对应课前内容)	成绩:

根据作业任务目标,完成作业计划描述。

作业项目	完成情况
(1)能够识别和描述体感互动单车的硬件设备。	
(2)可以操作体感互动单车软件。	
(3)体验体感互动单车虚拟环境中的交互操作。	
(4)结果分析、结论。	

计划审核	审核情况: 　　　　　　　　　　　　　　　　　　　　　　　年　月　日

続表

计划实施（根据每个任务制定）	成绩：

1. 在体感互动单车软件操作界面进行参数设置

依据个人需要设置"目标骑行"、"地图模式"等模块参数，如图46-1所示。

图 46-1　设置参数

2. 心理宣泄设置

可以通过多种骑行解压游戏释放压力，享受轻松愉快的时光。休闲放松模块可以提供柔和的骑行模式和舒缓的音乐，帮助我们放松身心，缓解疲劳。还可以设置宣泄呐喊模式，通过大声呐喊释放内心的压力和不满，系统会记录相关数据，帮助我们选择个性化的心理健康调试方案。运动宣泄系统如图46-2所示。

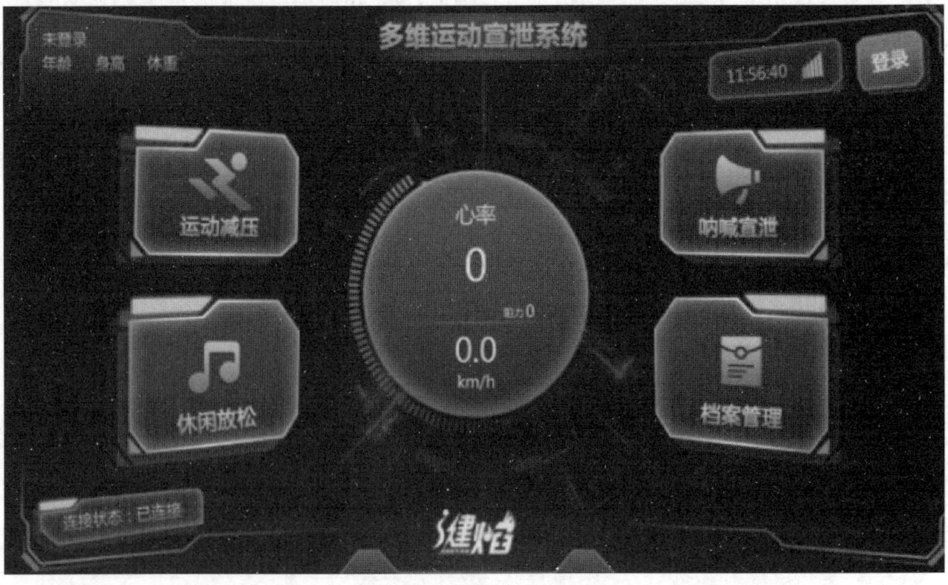

图 46-2　运动宣泄系统

3. VR 骑行情景设置

通过虚拟现实技术，骑行者可以身临其境地体验各种骑行场景，如山地骑行、城市穿梭等，增加了骑行的沉浸感和趣味性，如图 46-3 所示。

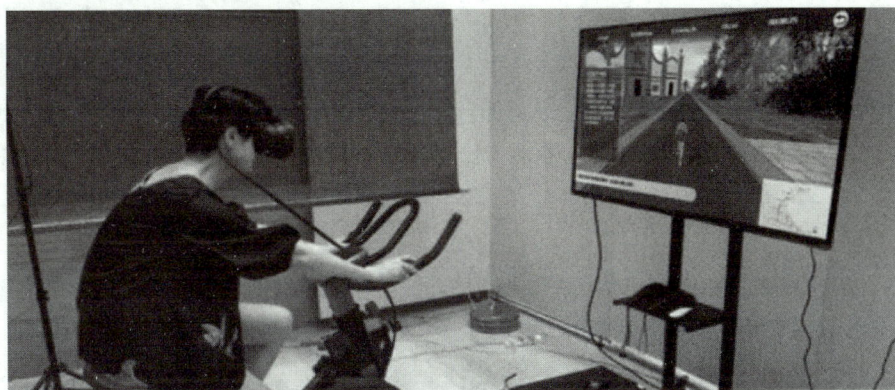

图 46-3　VR 骑行情景设置

4. 各组记录数据，根据结果得出结论，可根据具体情况给出改善建议

质量检查	成绩：
指导教师检查任务完成情况，并对学生提出问题，根据学生实际情况给出建议。	
综合评价及建议	
学生自我评价及反馈	成绩：
根据自己在课堂中实际表现进行自我反思和自我评价。 自我反思和评价：＿＿＿＿＿＿＿＿＿＿＿＿＿＿＿	

任务评价表

评价项目	评价标准	配分	得分
识别和描述体感互动单车的硬件设备	能够识别和描述体感互动单车的硬件设备。	20	
操作体感互动单车软件	能够操作体感互动单车软件。	20	
体验体感互动单车虚拟环境中的交互操作	能够设置骑行场景、宣泄模块。	30	
结果分析、结论。	按组完成结果分析，分析压力数据，给出改善建议。	30	
评价反馈			
任务完成度	□优秀 □良好 □基本完成 □有待提高	总得分	

任务单 47　模拟证书考核训练

学院名称		专业		姓名	
指导教师		日期		成绩	

任务情景	在现代职场中,WPS办公应用技能已经成为衡量职业能力的重要标准之一。为尽快提高办公应用能力,小明同学要参加WPS证书考核,为未来的职业发展打下坚实的基础。
任务目标	(1)能够根据1+X证书制度的要求,准备和参与WPS证书考核。 (2)能够运用WPS办公软件进行文档处理、表格制作计算分析、演示文稿等操作。达到职业技能等级证书的标准。 计算机二级 WPS考纲　　　　高职教育专科信息 技术课程标准

任务准备	成绩:

(1)硬件准备。

一台联入互联网的PC,操作系统要求Windows 10或以上。

(2)软件准备。

WPS教育版软件安装包、办公应用智能训练系统软件安装包。(两个软件由任务教师提供)

(3)学习资料准备。

WPS office理论知识前期系统学习、模拟账号(由任务教师负责提供)。

以上任务中软件和硬件准备也可在微机室模拟考场完成。

制订计划(对应课前内容)	成绩:

根据作业任务目标,完成作业计划描述。

作业项目	完成情况
(1)学习资料准备。	
(2)硬件准备。	
(3)软件准备。	
(4)测试结果记录、答案解析。	

(5)反复练习、分数提高、通过模拟考核。		
计划审核	审核情况：	年　月　日
	计划实施(根据每个任务制定)	成绩：

1.基础知识的掌握

参加考试的学生要完成 WPS 文字、WPS 表格、WPS 演示三部分的系统学习,学期学时不少于72学时。

2.环境准备

学习环境可在学校的微机室。个人准备环境需要配置能联入互联网的 PC、WPS 教育版软件安装包、办公应用智能训练系统软件安装包(两个软件由任务教师提供)、模拟账号(由任务教师负责提供)。

3.登录模拟系统

登录界面如图 47-1 所示。

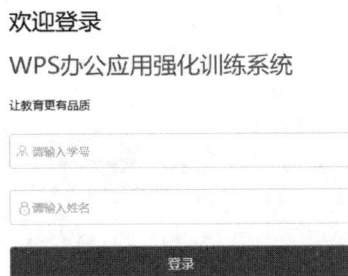

图 47-1　登录界面

4.登录后相关知识点练习

练习界面如图 47-2 所示。

图 47-2　知识点练习

5.通过答案解析查看错误内容,反复练习提高

训练记录如图 47-3 所示。

图 47-3　训练记录

6.实战演练模拟 WPS 考核过程及相关知识点

实战演练界面如图 47-4 所示。

图 47-4　实战演练

7.补充讲解

任务教师通过管理端查看学生练习、实战演练记录。统计学生易出错题和相关知识点,进行有针对性的补充讲解。

实操练习题和答案

质量检查	成绩:
指导教师检查任务完成情况,对学生提出问题,根据学生实际情况给出建议。	

综合评价及建议	

学生自我评价及反馈	成绩:
根据自己在课堂中实际表现进行自我反思和自我评价。 自我反思和评价:_____	

任务评价表

评价项目	评价标准	配分	得分
学习资料准备	完成 WPS 文字、WPS 表格、WPS 演示三部分的系统学习。	20	
硬件准备	校微机室或个人 PC。	10	
软件准备	WPS 教育版、办公应用智能训练系统。	10	
测试结果记录、答案解析	软件内提供。	10	
反复练习、分数提高、通过模拟考核	模拟考核分数达到 90 分以上。	50	
评价反馈			
任务完成度	□优秀 □良好 □基本完成 □有待提高	总得分